建筑工程管理与施工技术研究

朱 江 王纪宝 詹 然◎著

吉林科学技术出版社

图书在版编目（CIP）数据

建筑工程管理与施工技术研究 / 朱江，王纪宝，詹
然著 . -- 长春 : 吉林科学技术出版社 , 2022.11
ISBN 978-7-5578-9954-7

Ⅰ . ①建… Ⅱ . ①朱… ②王… ③詹… Ⅲ . ①建筑工
程－工程管理－研究②建筑工程－工程施工－研究 Ⅳ .
① TU7

中国版本图书馆 CIP 数据核字 (2022) 第 207172 号

建筑工程管理与施工技术研究

著　　　朱　江　王纪宝　詹　然
出 版 人　宛　霞
责任编辑　李海燕
封面设计　古　利
制　　版　古　利
幅面尺寸　185mm×260mm　1/16
字　　数　100 千字
页　　数　156
印　　张　9.75
印　　数　1-1500 册
版　　次　2022 年 11 月第 1 版
印　　次　2023 年 3 月第 1 次印刷

出　　版　吉林科学技术出版社
发　　行　吉林科学技术出版社
地　　址　长春市净月区福祉大路 5788 号
邮　　编　130118
发行部电话 / 传真　0431-81629529　81629530　81629531
　　　　　　　　　　81629532　81629533　81629534
储运部电话　0431-86059116
编辑部电话　0431-81629518
印　　刷　三河市嵩川印刷有限公司

书　　号　ISBN 978-7-5578-9954-7
定　　价　75.00 元

前　言

　　随着我国市场经济的飞速发展和城市化进程的日益加快，人们对居住环境的要求不断提高，这在一定程度上提高了施工的难度，并且形成了现代建筑行业的激烈竞争局面。在我国建筑工程项目管理水平得到较大提升的同时，仍然存在许多问题，这些问题降低了建筑工程项目建设施工质量控制标准，甚至致使建筑工程项目建设施工阶段发生严重的安全事故。针对这些问题，我们需要积极寻找有效措施进行改善，不断提升我国建筑工程项目建设管理水平与施工技术，促进我国建筑工程项目建设领域的进一步发展。

　　建筑工程管理是建筑工程项目保证建设施工质量、施工安全以及施工进度控制的主要措施，是建筑施工企业与建设单位能够获得良好经济效益和社会名誉的基础和关键所在。在建筑工程施工过程中，施工技术是重要的组成部分，在促进各项施工工作的过程中发挥着至关重要的作用，通过对施工技术的合理应用，能够保证施工的质量，满足人们对建筑工程的需求。在如今的建筑工程施工过程中，能够更好地落实现场的施工管理工作，及时发现现场施工中出现的突发事件，实现对问题和各项施工资源的有效调整。

　　本书立足于建筑工程管理与施工技术两大方面，由浅入深地对相关方面进行研究。首先，从建筑工程管理概述方面，介绍了建筑施工项目管理、建筑工程项目资源与成本管理，使读者能够深入理解建筑工程管理的重点内容；其次，探讨了建筑施工技术中的土方工程技术、地基处理与基础工程施工以及砌筑工程。本书虽篇幅较短，但重点内容介绍全面，期待能给读者带来不一样的收获。

目　　录

第一章 建筑工程管理概述

第一节 建筑工程管理基础

一、建筑工程管理类型与任务

（一）工程管理类型

在建筑工程项目策划决策与实施过程中，各阶段的任务和实施主体不同，构成了建筑工程项目管理的不同类型。从系统的角度分析，同一类型的项目管理都是在特定条件下，为实现整个建筑工程项目总目标的一个管理子系统。

1. 业主方项目管理

业主方的项目管理是全过程的，包括项目策划决策与建设实施阶段的各个环节。由于建设工程项目属于一次性任务，业主或建设单位自行进行项目管理往往存在很大的局限性。首先，在技术和管理方面，业主或建设单位缺乏配套的专业化力量；其次，即使业主或建设单位配备完善的管理机构，没有连续的工程任务也是不经济的。在计划经济体制下，每个建设单位都设有一个筹建处或基建处来管理工程建设，这样无法做到资源的优化配置和动态管理，而且不利于建设经验的积累和应用。在市场经济体制下，业主或建设单位完全可以依靠专业化、社会化的工程项目管理单位，为其提供全过程或若干阶段的项目管理服务。当然，在我国工程建设管理体制下，工程监理单位接受工程建设单位委托实施监理，也属于一种专业化的工程项目管理服务。值得指出的是，与一般的工程项目管理咨询服务不同，我国的法律法规赋予工程监理单位、监理工程师更多的社会责任，特别是建设工程质量管理、安全生产管理方面的责任。事实上，业主方项目管理，既包括业主或建设单位自身的项目管理，也包括受其委托的工程监理单位、工程项目管理单位的项目管理。

2. 工程总承包方项目管理

在工程总承包（如设计—建造 D&B、设计—采购—施工 EPC）模式下，工程总承包单位将全面负责建设工程项目的实施过程，直至最终交付使用功能和质量标准符合合同文件规定的工程项目。因此，工程总承包方项目管理是贯穿于项目实施全过程的全面管理，既包括设计阶段，也包括施工安装阶段。工程总承包单位为取得预期经营效益，必须在合同条件的约束下，依靠自身的技术和管理优势或实力，通过优化设计及施工方案，在规定的时间内，保质保量地全面完成建设工程项目，全面履行工程总承包合同。建设工程实施工程总承包，对工程总承包单位的项目管理水平提出了更高要求。

3. 设计方项目管理

工程设计单位承揽到建设工程项目设计任务后，需要根据建设工程设计合同所界定的工作目标及义务，对建设工程设计工作进行自我管理。设计单位通过项目管理，对建设工程项目的实施在技术和经济上进行全面而详尽的安排，引进先进技术和科研成果，形成设计图纸和说明书，并在工程施工过程中配合施工和参与验收。由此可见，设计项目管理不仅局限于工程设计阶段，而且延伸到了工程施工和竣工验收阶段。

4. 施工方项目管理

工程施工单位通过竞争承揽到建设工程项目施工任务后，需要根据建设工程施工合同所界定的工程范围，依靠企业技术和管理的综合实力，对工程施工全过程进行系统管理。从一般意义上讲，施工项目应该是指施工总承包的完整工程项目，既包括土建工程施工，又包括机电设备安装，最终成功地形成具有独立使用功能的建筑产品。然而，由于分部工程、子单位工程、单位工程、单项工程等是构成建设工程项目的子系统，按子系统定义项目，不但有其特定的约束条件和目标要求，而且是一次性任务。因此，建设工程项目按专业、按部位分解发包时，施工单位仍然可将承包合同界定的局部施工任务作为项目管理对象，这就是广义的施工项目管理。

5. 物资供应方项目管理

从建设工程项目管理的系统角度看，建筑材料、设备供应工作也是建设工程项目实施的一个子系统，有其明确的任务和目标、明确的制约条件以及与项目实施子系统的内在联系。因此，制造商、供应商同样可以将加工生产制造和供应合同所界定的任务，作为项目进行管理，以适应建设工程项目总目标控制的要求。

(二) 工程管理任务

工程项目管理是工程项目从规划拟定、项目规模确定、工程设计、工程施工，到建成投产为止的全部过程，涉及建设单位、咨询单位、设计单位、施工单位、行政主管部门、材料设备供应单位等，其主要内容如下。

1. 项目组织协调

组织协调是工程项目管理的职能之一，是实现工程项目目标必不可少的方法和手段。在工程项目的实施过程中，组织协调的内容主要有以下几点。

（1）外部环境协调

与政府部门之间，如规划、城建、市政、消防、人防、环保、城管等部门的协调；资源供应方面，如供水、供电、供热、通信、运输和排水等方面的协调；生产要素方面，如材料、设备、劳动力和资金等方面的协调；社区环境方面的协调。

（2）项目参与单位之间的协调

主要有业主、监理单位、设计单位、施工单位、供货单位、加工单位等。

（3）项目参与单位内部的协调

即项目参与单位内部各部门、各层次之间及个人之间的协调。

2.合同管理

包括合同签订和合同管理两项任务。合同签订包括合同准备、谈判、修改和签订等工作；合同管理包括合同文件的执行、合同纠纷的处理和索赔事宜的处理工作。在执行合同管理任务时，要重视合同签订的合法性和合同执行的严肃性，为实现管理目标服务。

3.进度管理

包括方案的科学决策、计划的优化编制和实施有效控制三方面的任务。方案的科学决策是实现进度控制的先决条件，它包括方案的可行性论证、综合评估和优化决策。只有决策出优化的方案，才能编制出优化的计划。计划的优化编制，包括科学确定项目的工序及其衔接关系、持续时间、优化编制网络计划和实施措施，是实现进度控制的重要基础。实施有效控制包括同步跟踪、信息反馈、动态调整和优化控制，是实现进度控制的根本保证。

投资控制包括编制投资计划、审核投资支出、分析投资变化情况、研究投资减少途径和采取投资控制措施五项任务。前两项属于投资的静态控制，后三项属于投资的动态控制。

4.质量控制

质量控制包括制定各项工作的质量要求及质量事故预防措施，各方面的质量监督与验收制度，以及各个阶段的质量处理和控制措施三方面的任务。制定的质量要求具有科学性，质量事故预防措施要具备有效性。质量监督和验收包括对设计质量、施工质量及材料设备质量的监督和验收，要严格检查制度和加强分析。质量事故处理与控制要对每个阶段均进行严格的管理和控制，并采取细致而有效的质量事故预防和处理措施，以确保质量目标的实现。

5.风险管理

随着工程项目规模的不断大型化和技术复杂化，业主和承包商所面临的风险越来越大。工程建设的客观现实告诉人们，要保证工程项目的投资效益，就必须对项目风险进行定量分析和系统评价，以提出风险防范对策，形成一套有效的项目风险管理程序。

6. 信息管理

信息管理是工程项目管理工作的基础工作，是实现项目目标控制的保证，其主要任务就是一边及时、准确地向项目管理各级领导、各参加单位及各类人员提供所需的综合程度不同的信息，一边在项目进展的全过程中，动态地进行项目规划，迅速正确地做出各种决策，并及时检查决策执行情况，反映工程实施中暴露出来的各类问题，为项目总目标控制服务。

7. 安全管理

安全管理贯穿整个建设工程的始终，在建设工程中要形成"安全第一，预防为主"的理念，一开始就要确定项目的最终安全目标，制订项目的安全保证计划。

(三) 工程项目管理模式

工程项目管理模式，是指将工程项目作为一个系统，通过一定的组织和管理方式，使系统能够正常运行，并确保其目标得以实现。选择合适的工程项目管理模式对工程项目的成功实施至关重要。工程项目管理模式的选择，不仅要考虑工程项目管理模式本身的优劣，更要依据建设单位特点、项目自身特性、建设环境、项目规模、技术难易程度、设计文件完善程度、进度和工期控制要求、计价方式、项目管理风险以及项目的不确定性等诸多方面进行综合考虑和选择。

1. 工程项目管理模式的选择

各种工程项目管理模式是在国内外长期实践中形成并得到普遍认可的，还在不断地进行创新和完善。每种模式都有其优势和局限性，适用于不同种类的工程项目管理。项目建设单位可根据工程项目的特点，综合考虑选择合适的工程项目管理模式。建设单位在选择项目管理模式时，应考虑的主要因素包括以下几点。

(1) 项目的复杂性和对项目的进度、质量、投资等方面的要求。

(2) 投资、融资有关各方对项目的特殊要求。

(3) 法律、法规、部门规章以及项目所在地政府的要求。

(4) 项目管理者和参与者对该管理模式认知和熟悉的程度。

(5) 项目的风险分担，即项目各方承担风险的能力和管理风险的水平。

(6) 项目实施所在地建设市场的适应性，在市场上能否找到合格的实施单位 (施工承包单位、管理单位等)。

一个项目也可以选择多种项目管理模式。当建设单位的项目管理能力比较强时，也可将一个工程项目划分为几个部分，分别采用不同的项目管理模式。通常，工程项目管理模式由项目建设单位选定，但总承包单位也可选用一些适合自身需要的项目管理模式。

2. 建设单位项目管理模式

目前，项目建设单位委托专业项目管理单位进行工程项目管理的模式越来越受到关注与认同。不仅业内最早从事工程项目全过程管理的少数专业项目管理单位的规模和业务量逐步扩大，而且业内传统的工程监理、招标代理、工程造价等咨询单位也开始涉足项目建设单位项目管理业务。一个新兴的行业正在我国各地不断地发展壮大。

建设单位项目管理模式是建设单位进行工程项目建设活动的组织模式，它决定了工程项目建设过程中各参与方的角色和合同关系。建设单位是工程项目的总策划者、总组织者和总集成者，其管理模式决定了工程项目管理的总体框架和项目各参与方的职责、义务、风险责任等。建设单位应根据其项目管理的能力水平及工程项目的目标、规模和复杂程度等特点，合理选择工程项目管理模式。目前，国内项目建设单位管理模式主要包括建设单位自行管理模式、建设单位委托管理（PM、PMC）模式和一体化项目管理团队（IPMT）模式等。

（1）建设单位自行管理模式

建设单位自行管理是指建设单位主要依靠自身力量进行项目管理，即自行设立项目管理机构，并将项目管理任务交由该机构。在计划经济时期，建设单位通常是组建一个临时的基建办、筹建处或指挥部等，自行管理工程项目建设。项目建成后，项目管理机构随之解散，人员从哪儿来就回哪儿去，这种管理模式已经不能适应目前的工程项目建设。采用建设单位自行管理模式，前提条件是建设单位要拥有相对稳定的、专业化的项目管理团队和较为丰富的项目管理经验。在建设单位不具备自行招标的规定条件时，还需委托招标代理单位承担项目招标采购工作。根据工程项目实行政府主管部门审批、备案或核准的需要，可能还需委托工程咨询单位承担编制项目建议书及可行性研究报告等工作。

采用建设单位自行管理模式，可以充分保障建设单位对工程项目的控制，随时采取措施来保障建设单位利益的最大化；可以减少对外合同关系，有利于工程项目建设各阶段、各环节的衔接和提高管理效率；但也具有组织机构庞大、建设管理费用高等缺点，对于缺少连续性工程项目的建设单位而言，不利于管理经验的积累。

这种管理模式一般适用于以下三种情况。

①建设单位常年进行工程项目投资建设，拥有稳定的、专业化的工程项目管理团队，具有与所投资项目相适应的管理经验与能力。

②投资较小，建设周期较短，建设规模不大，技术不太复杂的工程项目。

③具有保密等特殊要求的工程项目。

如不属于这三种情况，建设单位宜委托专业化、社会化的工程项目管理单位来承担项目管理工作。

(2) 建设单位委托管理模式

近年来，由于社会分工体系进一步深化，工程项目建设规模、技术含量不断增大，工程项目建设对专业化管理的要求也越来越迫切，委托专业化的项目管理单位进行项目管理已成为一种趋势。

①项目管理服务 PM 模式

PM 管理模式属于咨询型项目管理服务，建设单位不设立专业的项目管理机构，只派出管理代表主要负责项目的决策、资金筹措和财务管理、采购和合同管理、监督检查和协调各参与方工作衔接等工作，而将工程项目的实施工作委托给项目管理单位。建设单位是项目建设管理的主导者、重大事项的决策掌握者。项目管理单位按委托合同的约定承担相应的管理责任，并得到相对固定的服务费，在违约情况下以管理费为基数承担相应的经济赔偿责任。项目管理单位不直接与该项目的总承包单位或勘察、设计、供货、施工等单位签订合同，但可以按合同约定，协助建设单位与工程项目的总承包单位或勘察、设计、供货、施工等单位签订合同，并受建设单位委托监督合同的履行。

该模式由项目管理单位代替建设单位进行管理与协调，往往从项目建设一开始就对项目进行管理，可以充分发挥项目管理单位的专业技能、经验和优势，形成统一、连续、系统的管理思路。但增加了建设单位的额外费用，建设单位与各承包单位（设计单位、施工承包单位）之间设了管理层，不利于沟通，项目管理单位的职责不易明确。因而，主要用于大型项目或复杂项目，特别适用于建设单位管理能力不强的工程项目。

在我国工程项目建设中，一些建设单位根据项目管理单位具备相应的资质和能力，将其他相关咨询工作委托给该项目管理单位一并承担，如工程监理、工程造价咨询等。目前，我国建设主管部门提倡和鼓励建设单位将工程监理业务委托给该项目管理单位，实行项目管理与工程监理一体化模式，但该项目管理单位必须具备相应的工程监理资质和能力。采用一体化模式，可减少工程项目实施过程中的管理层次和工作界面，节约部分管理资源，达到资源最优化配置；可使项目管理与工程监理沟通顺畅，充分融合，高度统一，决策迅速，执行力强，项目管理团队与监理团队分工明确，职责清晰，工程质量容易得到保证。

②项目管理承包 PMC 模式

PMC 模式属于代理型项目管理服务。一般情况下，PMC 管理承包单位不参与具体工程设计、施工，而是将项目所有的设计、施工任务发包出去，PMC 管理承包单位与各承包单位签订承包合同。

PMC 模式下，建设单位与 PMC 管理承包单位签订项目管理承包合同，PMC 管理承包单位对建设单位负责，与建设单位的目标和利益保持一致。建设单位一般不与设计、施工承包单位和材料、设备供应单位等签订合同，但对某些专业性很强的工程内容和工程专用材料、设备，建设单位可直接与其专业施工承包单位和材料、设备供应单位签订合同。

PMC 模式可充分发挥项目管理承包单位在项目管理方面的专业技能，统一协调和管理项目的设计与施工，可减少矛盾；项目管理承包单位负责管理整个项目的实施阶段，有利于减少设计变更；建设单位与项目管理承包单位的合同关系简单，组织协调比较有利，可以提早开工，缩短项目工期。但由于建设单位与施工承包单位没有合同关系，施工控制难度较大；建设单位对工程费用也不能直接控制，存在很大风险。

PMC 模式是一种管理承包的方式，项目管理单位不仅承担合同范围内管理工作，还对合同约定的管理目标进行承包，如不能实现管理目标，该项目管理单位将承担以管理承包费用为基数的经济处罚。在项目实施过程中，由于管理效果显著使项目建设单位节约了工程投资的，可按合同约定给予项目管理单位一定比例的奖励；反之，如果由于管理失误导致工程投资超过委托合同约定的最高目标值，则项目管理单位要承担超出部分的经济赔偿责任。

采用 PMC 管理承包模式，建设单位通常只需组织一个精干的管理班子，负责工程项目建设重大事项的决策、监督和资金筹措，工程项目建设管理活动均委托给专业化、社会化的项目管理单位承担。

（3）一体化项目管理团队 IPMT 模式

一体化项目管理团队 IPMT 模式是指建设单位和专业化的项目管理单位分别派出人员组成项目管理团队，合并办公，共同负责工程项目的管理工作。这既能充分运用项目管理单位在工程项目建设方面的经验和技术，又能体现建设单位的决策权。IPMT 管理模式是融合咨询型项目管理 PM 模式和代理型项目管理 PMC 模式的特点而派生出的一种新型的项目建设管理模式。

目前，在我国工程项目的建设过程中，建设单位很难做到将全部工程项目建设管理权委托给项目管理单位。建设单位虽然通常都设有较小的管理机构，但往往不具有承担相应项目管理的经验、能力和规模，建设单位却又无意解散自己的机构。

在这种情况下，建设单位可聘请一家具有工程项目管理经验和能力的项目管理单位，并与聘请的项目管理单位组成一体化项目管理团队，起到优势互补、人力资源优化配置的作用。

采用一体化管理模式，建设单位既可在工程项目实施过程中不失决策权，又可较充分地利用工程项目管理单位经验丰富的人才优势和管理技术。在进行项目全过程的管理中，建设单位把工程项目建设管理工作交给经验丰富的管理单位，自己则把主要精力放在项目决策、资金筹措上，有利于决策指挥的科学性。由于项目管理单位人员与建设单位管理人员共同工作，可减少中间上报、审批的环节，使项目管理工作效率大幅提高。

IPMT 管理模式中由于建设单位拥有项目建设管理的主动权，对项目建设过程中的质量情况了如指掌，可减少双方工作交接的困难与时间，在项目后期也有助于解决一些由建设单位运营管理而项目管理单位对运营不够专业的问题。IPMT 管理模式可避免建设单位因项目建设需要而引进大量建设人才和工程项目建设完成后这些人员需重新安排工作的问题。

但采用这种管理模式的最大问题是，由于两个管理团队可能具有不同的企业文化、工资体系、工作系统，因此，机构的融合存在风险，双方的管理责任也很难划分清楚，还存在项目管理单位派出人员中的优秀人才被建设单位高薪聘走的风险。

二、建筑工程项目经理

(一) 项目经理的设置

项目经理是指工程项目的总负责人。项目经理包括建设单位的项目经理、咨询监理单位的项目经理、设计单位的项目经理和施工单位的项目经理。

由于工程项目的承发包方式不同，项目经理的设置方式也不同。如果工程项目是分阶段发包，则建设单位、咨询监理单位、设计单位和施工单位应分别设置项目经理，各方项目经理代表本单位的利益，承担各自单位的项目管理责任。如果工程项目实行设计、施工、材料设备采购一体化承发包方式，则工程总承包单位应设置统一的项目经理，对工程项目建设实施全过程总负责。随着工程项目管理的集成化发展趋势，应提倡设置全过程负责的项目经理。

1. 建设单位的项目经理

建设单位的项目经理是由建设单位 (或项目法人) 委派的领导和组织一个完整工程项目建设的总负责人。对于一些小型工程项目，项目经理可由一人担任。而对于一些规模大、工期长、技术复杂的工程项目，建设单位可委派分阶段项目经理，如准备阶段项目经理、设计阶段项目经理和施工阶段项目经理等。

2. 咨询、监理单位的项目经理

当工程项目比较复杂而建设单位又没有足够的人员组建一个能够胜任项目管理任务的项目管理机构时，就需要委托咨询单位为其提供项目管理服务。咨询单位需要委派项目经理并组建项目管理机构，按项目管理合同履行其义务。对于实施监理的工程项目，工程监理单位也需要委派项目经理——总监理工程师，并组建项目监理机构履行监理义务。当然，如果咨询、监理单位为建设单位提供工程监理与项目管理一体化服务，则只需设置一个项目经理，对工程监理与项目管理服务总负责。

对建设单位而言，即使委托咨询监理单位，仍需建立一个以自己的项目经理为首的项目管理机构。因为在工程项目建设过程中，有许多重大问题仍须由建设单位进行决策，咨询监理机构不能完全代替建设单位行使其职权。

3. 设计单位的项目经理

设计单位的项目经理是指设计单位领导和组织一个工程项目设计的总负责人，其职责是负责一个工程项目设计工作的全部计划、监督和联系工作。设计单位的项目经理从设计角度控制工程项目总目标。

4. 施工单位的项目经理

施工单位的项目经理是指施工单位领导和组织一个工程项目施工的总负责人，是施工单位在施工现场的最高责任者和组织者。施工单位的项目经理在工程项目施工阶段控制质量、成本、进度目标，并负责安全生产管理和环境保护。

(二) 项目经理的任务与责任

1. 项目经理的任务

(1) 施工方项目经理的职责

项目经理在承担工程项目施工管理过程中，履行下列职责：

①贯彻执行国家和工程所在地政府的有关法律、法规和政策，执行企业的各项管理制度；

②严格财务制度，加强财经管理，正确处理国家、企业与个人的利益关系；

③执行项目承包合同中由项目经理负责履行的各项条款；

④对工程项目施工进行有效控制，执行有关技术规范和标准，积极推广应用新技术，确保工程质量和工期，实现安全、文明生产，努力提高经济效益。

(2) 施工方项目经理应具有的权限

项目经理在承担工程项目施工管理的过程中，应当按照建筑施工企业与建设单位签订的工程承包合同，与本企业法定代表人签订"项目管理目标责任书"，并在企业法定代表人授权范围内，负责工程项目施工的组织管理。施工方项目经理应具有下列权限：

①参与企业进行的施工项目投标和签订施工合同；

②经授权组建项目经理部，确定项目经理部的组织结构，选择、聘任管理人员；确定管理人员的职责，并定期进行考核、评价和奖惩；

③在企业财务制度规定的范围内，根据企业法定代表人授权和施工项目管理的需要，决定资金的投入和使用，决定项目经理部的计酬办法；

④在授权范围内，按物资采购程序性文件的规定行使采购权；

⑤根据企业法定代表人授权或按照企业的规定选择、使用作业队伍；

⑥主持项目经理部工作，组织制定施工项目的各项管理制度；

⑦根据企业法定代表人授权，协调和处理与施工项目管理有关的内部与外部事项。

（3）施工方项目经理的任务

施工方项目经理的任务包括项目的行政管理和项目管理两个方面，其在项目管理方面的主要任务：施工安全管理、施工成本控制、施工进度控制、施工质量控制、工程合同管理、工程信息管理和与工程施工有关的组织与协调等。

2. 项目经理的责任

（1）施工企业项目经理的责任应在"项目管理目标责任书"中加以体现。经考核和审定，对未完成"项目管理目标责任书"确定的项目管理责任目标或造成亏损的，应按其中有关条款承担责任，并接受经济或行政处罚。"项目管理目标责任书"应包括下列内容：

①企业各业务部门与项目经理部之间的关系；

②项目经理部使用作业队伍的方式，项目所需材料供应方式和机械设备供应方式；

③应达到的项目进度目标、项目质量目标、项目安全目标和项目成本目标；

④在企业制度规定以外的、由法定代表人向项目经理委托的事项；

⑤企业对项目经理部人员进行奖惩的依据、标准、办法及应承担的风险；

⑥项目经理解职和项目经理部解体的条件及方法。

（2）在国际上，由于项目经理是施工企业内的一个工作岗位，项目经理的责任则由企业领导根据企业管理的体制和机制，以及根据项目的具体情况而定。企业针对每个项目有十分明确的管理职能分工表，该表明确项目经理对哪些任务承担策划、决策、执行、检查等职能，其将承担的是相应责任。

（3）项目经理对施工项目管理应承担的责任。工程项目施工应建立以项目经理为首的生产经营管理系统，实行项目经理负责制。项目经理在工程项目施工中处于中心位置，对工程项目施工负有全面管理的责任。

（4）项目经理对施工安全和质量应承担的责任。要加强对建筑企业项目经理市场行为的监督管理，对发生重大工程质量安全事故或市场违法违规行为的项目经理，必须依法予以严肃处理。

（5）项目经理对施工项目应承担的法律责任。项目经理由于主观原因或由于工作失误，有可能承担法律责任和经济责任。政府主管部门将追究的主要是其法律责任，企业将追究的主要是其经济责任，但是，如果由于项目经理的违法行为而导致企业的损失，企业也有可能追究其法律责任。

（三）项目经理的素质与能力

1. 项目经理应具备的素质

项目经理的素质有如下几方面的内容，主要表现在品格与知识两个方面。

（1）品格素质

品格素质是指项目经理从行为作风中表现出来的思想、认识、品行等方面的特征，如遵纪守法、爱岗敬业、高尚的职业道德、团队的协作精神、诚信尽责等。

项目经理是在一定时期和范围内掌握一定权力的职业，这种权力的行使将会对工程项目的成败产生关键性影响。工程项目所涉及的资金少则几十万元，多则几亿元，甚至几十亿元。因此，要求项目经理必须正直、诚实，敢于负责，心胸坦荡，言而有信，言行一致，有较强的敬业精神。

（2）知识素质

项目经理应具有项目管理所需要的专业技术、管理、经济、法律法规知识，并懂得在实践中不断深化和完善自己的知识结构。同时，项目经理还应具有一定的实践经验，即具有项目管理经验和业绩，这样才能得心应手地处理各种可能遇到的实际问题。

（3）性格素质

在项目经理的日常工作中，为人处世占相当大的部分。所以要求项目经理在性格上要豁达、开朗，易于与各种各样的人相处；既要自信有主见，又不能刚愎自用；要坚强，能经受失败和挫折。

（4）学习的素质

项目经理不可能对工程项目所涉及的所有知识都有比较好的储备，相当一部分知识需要在工程项目管理工作中学习掌握。因此，项目经理必须善于学习，包括从书本中学习，更要向团队成员学习。

（5）身体素质

项目经理需身体健康，精力充沛。

2. 项目经理应具备的能力

项目经理应具备的能力包括核心能力、必要能力和增效能力三个层次。其中，核心能力是创新能力；必要能力是决策能力、组织能力和指挥能力；增效能力是控制能力和协调能力，这些能力是项目经理有效地行使其职责、充分发挥领导作用所应具备的主观条件。

（1）创新能力

由于科学技术的迅速发展，新技术、新工艺、新材料、新设备等的不断涌现，人们对建筑产品不断提出新的要求。同时，建筑市场改革的深入发展，大量新的问题需要探讨和解决。面临新形势、新任务，项目经理只有解放思想，以创新的精神、创新的思维方法和工作方法来开展工作，才能实现工程项目的总目标。因此，创新能力是项目经理业务能力的核心，关系到项目管理的成败和项目投资效益的好坏。

创新能力是指项目经理在项目管理活动中，善于敏锐地察觉旧事物的缺陷，准确地捕捉新事物的萌芽，提出大胆、新颖的推测和设想，继而进行科学周密的论证，提出可行性解决方案的能力。

（2）决策能力

项目经理是项目管理组织的当家人，统一指挥、全权负责项目管理工作，要求必须具备较强的决策能力。同时，项目经理的决策能力既是保证项目管理组织生命机制旺盛的重要因素，也是检验项目经理领导水平的一个重要标志，因此，决策能力是项目经理必要能力的关键。

决策能力是指项目经理根据外部经营条件和内部经营实力，从多种方案中确定工程项目建设方向、目标和战略的能力。

（3）组织能力

项目经理的组织能力关系到项目管理工作的效率，因此，有人将项目经理的组织能力比喻为效率的设计师。

组织能力是指项目经理为了有效地实现项目目标，运用组织理论，将工程项目建设活动的各个要素、各个环节，从纵横交错的相互关系上，从时间和空间的相互关系上，合理、有效地组织起来的能力。如果项目经理有超强的组织能力，并能充分发挥，就能使整个工程项目的建设活动形成一个有机整体，保证其高效率地运转。

组织能力主要包括：组织分析能力、组织设计能力和组织变革能力。

①组织分析能力

是指项目经理依据组织理论和原则，对工程项目建设的现有组织进行系统分析的能力，主要是分析现有组织的效能，明确评价，并找出其中存在的主要问题。

②组织设计能力

是指项目经理从项目管理的实际出发，以管理效能为目标，对工程项目管理组织机构进行基本框架的设计，明确各主要部门的上下左右关系等。

③组织变革能力

是指项目经理执行组织变革方案的能力和评价组织变革方案实施成效的能力。执行组织变革方案的能力，就是在贯彻组织变革设计方案时，引导有关人员自觉行动的能力。评价组织变革方案实施成效的能力，是指项目经理对组织变革方案实施后的利弊，具有做出正确评价的能力，以利于组织日趋完善，使组织的效能不断提高。

（4）指挥能力

项目经理是工程项目建设活动的最高指挥者，担负着有效地指挥工程项目建设活动的职责，因此，项目经理必须具有高效率的指挥能力。

项目经理的指挥能力，表现在正确下达命令的能力和正确指导下级的能力两个方面。项目经理正确下达命令的能力，是强调其指挥能力中的单一性作用；而项目经理正确指导下级的能力，则是强调其指挥能力中的多样性作用。项目经理面对的是不同类型的下级，他们的年龄不同，学历不同，修养不同，性格、习惯也不同，有各自的特点，因此，必须采取因人而异的方式和方法，使每个下级对同一命令都有统一的认识和行动。

坚持命令单一性和指导多样性的统一，是项目经理指挥能力的基本内容。而要使项目经理的指挥能力有效地发挥，还必须制定一系列有关的规章制度，做到赏罚分明，令行禁止。

（5）控制能力

工程项目的建设如果缺乏有效控制，其管理效果一定不佳。而对工程项目实行全面而有效的控制，则取决于项目经理的控制能力。

控制能力是指项目经理运用各种手段（包括经济、行政、法律、教育等手段），来保证工程项目实施的正常进行、实现项目总目标的能力。

项目经理的控制能力，体现在自我控制能力、差异发现能力和目标设定能力等方面。自我控制能力是指本人通过检查自己的工作，进行自我调整的能力。差异发现能力是对执行结果与预期目标之间产生的差异，能及时测定和评议的能力。如果没有差异发现能力，就无法控制局面。目标设定能力是指项目经理应善于规定以数量表示出来的接近客观实际的明确的工作目标。这样才便于与实际结果进行比较，找出差异，以利于采取措施进行控制。由于工程项目风险管理的日趋重要，项目经理基于风险管理的目标设定能力和差异发现能力也越来越成为关键能力。

（6）协调能力

项目经理对协调能力掌握和运用得当，可以对外赢得良好的项目管理环境，对内充分调动职工的积极性、主动性和创造性，取得良好的工作效果，以至超过设定的工作目标。

协调能力是指项目经理处理人际关系，解决各方面矛盾，使各单位、各部门乃至全体职工为实现工程项目目标密切配合、统一行动的能力。

现代大型工程项目，牵涉很多单位、部门和众多劳动者。要使各单位、各部门、各环节、各类人员的活动能在时间、数量、质量上达到和谐统一，除了依靠科学的管理方法、严密的管理制度之外，在很大程度上要靠项目经理的协调能力。主要是协调人与人之间的关系，协调能力具体表现在以下几个方面。

①善于解决矛盾的能力

由于人与人之间在职责分工、工作衔接、收益分配差异和认识水平等方面的不同，不可避免地会出现各种矛盾。如果处理不当，还会激化矛盾。项目经理应善于分析产生矛盾的根源，掌握矛盾的主要方面，妥善解决矛盾。

②善于沟通情况的能力

在项目管理中出现不协调的现象，往往是由于信息闭塞，没有及时沟通，为此，项目经理应具有及时沟通情况、善于交流思想的能力。

③善于鼓动和说服的能力

项目经理应有谈话技巧，既要在理论上和实践上讲清道理，又要以真挚的激情打动人心，给人以激励和鼓舞，催人向上。

第二节　建筑工程管理制度

一、建筑项目法人责任制度

政府投资的经营性项目需要实行项目法人责任制，政府投资的非经营性项目可实行"代建制"，即通过招标等方式，选择专业化的项目管理单位负责建设实施，严格控制项目投资、质量和工期，待工程竣工验收后再移交使用单位，从而使项目的"投资、建设、监管、使用"实现四分离。

（一）项目法人的设立与职权分析

1. 项目法人的设立

对于政府投资的经营性项目而言，项目建议书被批准后，应由项目的投资方派代表组成项目法人筹备组，具体负责项目法人的筹建工作。有关单位在申报项目可行性研究报告时，须同时提出项目法人的组建方案；否则，可行性研究报告不被审批。在项目可行性研究报告被批准后，正式成立项目法人，确保资本金按时到位，并及时办理公司设立登记。项目公司可以是有限责任公司（包括国有独资公司），也可以是股份有限公司。

（1）有限责任公司

有限责任公司是指由2个以上、50个以下股东共同出资，每个股东以其认缴的出资额为限对公司承担责任，公司以其全部资产对债务承担责任的项目法人。有限责任公司不对外公开发行股票，股东之间的出资额不要求等额，而由股东协商确定。

（2）国有独资公司

国有独资公司是由国家授权投资的机构或国家授权的部门为唯一出资人的有限责任公司。国有独资公司不设股东会。由国家授权投资的机构或国家授权的部门授权公司董事会行使股东会的部分职权，决定公司的重大事项。但公司的合并、分立、解散、增减资本和发行公司债券，必须由国家授权投资的机构或国家授权的部门决定。

（3）股份有限公司

股份有限公司是指全部资本由等额股份构成，股东以其所持股份为限对公司承担责任，公司以其全部资产对债务承担责任的项目法人。股份有限公司应有5个以上发起人，其突出特点是有可能获准在交易所上市。

国有控股或参股的股份有限公司与有限责任公司一样，也要按照《公司法》的有关规定设立股东会、董事会、监事会和经理层组织机构，其职权与有限责任公司的职权类似。

2. 项目董事会与总经理的职权

（1）项目董事会的职权

项目董事会的职权有：负责筹措建设资金；审核、上报项目初步设计和概算文件；审核、上报年度投资计划并落实年度资金；提出项目开工报告；研究解决建设过程中出现的重大问题；负责提出项目竣工验收申请报告；审定偿还债务计划和生产经营方针，并负责按时偿还债务；聘任或解聘项目总经理，并根据总经理的提名，聘任或解聘其他高级管理人员。

(2) 项目总经理的职权

项目总经理的职权有：组织编制项目初步设计文件，对项目工艺流程、设备选型、建设标准、总图布置提出意见，提交董事会审查；组织工程设计、施工监理、施工队伍和设备材料采购的招标工作，编制和确定招标方案、标底和评标标准，评选和确定投、中标单位。实行国际招标的项目，按现行规定办理；编制并组织实施项目年度投资计划、用款计划、建设进度计划；编制项目财务预、决算；编制并组织实施归还贷款和其他债务计划；组织工程建设实施，负责控制工程投资、工期和质量；在项目建设过程中，在批准的概算范围内对单项工程的设计进行局部调整（凡引起生产性质、能力、产品品种和标准变化的设计调整以及概算调整，需经董事会决定并报原审批单位批准）；根据董事会授权处理项目实施中的重大紧急事件，并及时向董事会报告；负责生产准备工作和培训有关人员；负责组织项目试生产和单项工程预验收；拟订生产经营计划、企业内部机构设置、劳动定员定额方案及工资福利方案；组织项目后评价，提出项目后评价报告；按时向有关部门报送项目建设、生产信息和统计资料；提请董事会聘任或解聘项目高级管理人员。

(二) 项目法人责任制的优越性

实行项目法人责任制，使政企分开，将建设工程项目投资的所有权与经营权分离，具有许多优越性。

1. 有利于实现项目决策的科学化和民主化

按照《关于实行建设项目法人责任制的暂行规定》要求，项目可行性研究报告批准后，就要正式成立项目法人，项目法人要承担决策风险。为了避免盲目决策和随意决策，项目法人可以采用多种形式，组织技术、经济、管理等方面的专家进行充分论证，提供若干可供选择的方案进行优选。

2. 有利于拓宽项目融资渠道

工程建设资金需用量大，单靠政府投资难以满足国民经济发展和人民生活水平提高的需求。通过设立项目法人，可以采用多种方式向社会多渠道融资，同时可以吸引外资，从而在短期内实现资本集中，引导其投向工程项目建设。

3. 有利于分散投资风险

实行项目法人责任制，可以更好地实现投资主体多元化，使所有投资者利益共享、风险共担。而且通过公司内部逐级授权，项目建设和经营必须向公司董事会和股东会负责，置于董事会、监事会和股东会的监督之下，使投资责任和风险可以得到更好、更具体的落实。

4.有利于避免建设与运营相互脱节

实行项目法人责任制，项目法人不但负责建设，还负责建成后的经营与还贷，对项目建设与建成后的生产经营实行一条龙管理和全面负责，这样，就将建设的责任和经营的责任密切地结合起来，进而可以较好地克服传统模式下基建管花钱、生产管还贷，建设与生产经营相互脱节的弊端，有效地落实投资责任。

5.有利于促进工程监理、招标投标及合同管理等制度的健康发展

实行项目法人责任制，明确了由项目法人承担的投资风险，因而强化了项目法人及各投资方的自我约束意识。同时，受投资责任的约束，项目法人大都会积极主动地通过招标优选工程设计单位、施工单位和监理单位，并进行严格的合同管理。经项目法人的委托和授权，由工程监理单位具体负责工程质量、造价、进度控制，并对施工单位的安全生产管理进行监督，有利于解决基本建设中存在的"只有一次经验，没有二次教训"的问题，还可以逐步造就一支建设工程项目管理的专业化队伍，进而不断地提高我国工程建设的管理水平。

二、建筑工程合同管理制度

(一) 合同的内容与订立

1.合同的形式和内容

根据《合同法》规定，合同是指平等主体的自然人、法人、其他组织之间设立、变更、终止民事权利义务关系的协议。

(1) 合同的形式

当事人订立合同，有书面形式、口头形式和其他形式。法律、行政法规规定采用书面形式的，应当采用书面形式。当事人约定采用书面形式的，应当采用书面形式。建设工程合同应当采用书面形式。

(2) 合同的内容

合同内容是指当事人之间就设立、变更或者终止权利义务关系表示一致的意思。合同内容通常称为"合同条款"。合同内容由当事人约定，一般包括：当事人的名称或姓名和住所；标的；数量；质量；价款或者报酬；履行的期限、地点和方式；违约责任；解决争议的方法。

2.合同订立的程序

根据《合同法》规定，当事人订立合同，应当经过要约和承诺两个阶段。

（1）要约

①要约及其有效条件

要约是希望和他人订立合同的意思表示。要约应当符合如下规定：内容具体确定；表明经受要约人承诺，要约人即受该意思表示约束。也就是说，要约必须是特定人的意思表示，必须以缔结合同为目的，必须具备合同的主要条款。

有些合同在要约之前还会有要约邀请。所谓要约邀请，是希望他人向自己发出要约的意思表示。要约邀请并不是合同成立过程中的必经过程，是当事人订立合同的预备行为，这种意思表示的内容往往不确定，不含有合同得以成立的主要内容和相对人同意后受其约束的表示，在法律上无须承担责任。寄送的价目表、拍卖公告、招标公告、招股说明书、商业广告等为要约邀请。商业广告的内容符合要约规定的，视为要约。

②要约的生效

要约到达受要约人时生效。如采用数据电文形式订立合同，收件人指定特定系统接收数据电文的，该数据电文进入该特定系统的时间，视为到达时间；未指定特定系统的，该数据电文进入收件人的任何系统的首次时间，视为到达时间。

③要约的撤回和撤销

要约可以撤回，撤回要约的通知应当在要约到达受要约人之前或者与要约同时到达受要约人。

要约可以撤销。撤销要约的通知应当在受要约人发出承诺通知之前到达受要约人。但有下列情形之一的，要约不得撤销：要约人确定了承诺期限或者以其他形式明示要约不可撤销；受要约人有理由认为要约是不可撤销的，并已经为履行合同做了准备工作。

④要约的失效

有下列情形之一的，要约失效：拒绝要约的通知到达要约人；要约人依法撤销要约；承诺期限届满，受要约人未做出承诺；受要约人对要约的内容做出实质性变更。

（2）承诺

承诺是受要约人同意要约的意思表示。除根据交易习惯或者要约表明可以通过行为做出承诺之外，承诺应当以通知的方式做出。

①承诺的期限

承诺应当在要约确定的期限内到达要约人。要约没有确定承诺期限的，承诺应当依照下列规定到达：除非当事人另有约定，以对话方式做出的要约，应当即时做出承诺；以非对话方式做出的要约，承诺应当在合理期限内到达。

②承诺的生效

承诺通知到达要约人时生效。承诺不需要通知的，根据交易习惯或者要约的要求做出承诺的行为时生效。采用数据电文形式订立合同的，承诺到达的时间适用于要约到达受要约人时间的规定。

受要约人在承诺期限内发出承诺，按照通常情形能够及时到达要约人，但因其他原因承诺到达要约人时超过承诺期限的，除要约人及时通知受要约人因承诺超过期限不接受该承诺的以外，该承诺有效。

③承诺的撤回

承诺可以撤回，撤回承诺的通知应当在承诺通知到达要约人之前或者与承诺通知同时到达要约人。

④逾期承诺

受要约人超过承诺期限发出承诺的，除要约人及时通知受要约人该承诺有效的以外，为新要约。

⑤要约内容的变更

承诺的内容应当与要约的内容一致。有关合同标的、数量、质量、价款或者报酬、履行期限、履行地点和方式、违约责任和解决争议方法等的变更，是对要约内容的实质性变更。受要约人对要约的内容做出实质性变更的，视为新要约。

承诺对要约的内容做出非实质性变更的，除要约人及时表示反对或者要约表明承诺不得对要约的内容做出任何变更的以外，该承诺有效，合同的内容以承诺的内容为准。

(二) 建设工程项目合同体系

工程建设是一个极为复杂的社会生产过程，由于现代社会化大生产和专业化分工，许多单位会参与到工程建设之中，而各类合同则是维系这些参与单位之间关系的纽带。在建设工程项目合同体系中，建设单位和施工单位是两个最主要的节点。

1. 建设单位的主要合同关系

建设单位为了实现工程项目总目标，可以通过签订合同将建设工程项目策划决策与实施过程中有关活动委托给相应的专业单位，如工程勘察设计单位、工程施工单位、材料和设备供应单位、工程咨询及项目管理单位等。

(1) 工程承包合同

工程承包合同是任何一个建设工程项目所必须有的合同。建设单位采用的承、发包模式不同，决定了不同类别的工程承包合同。建设单位签订的工程承包合同通常主要有以下几种。

①EPC 承包合同（Engineering Procurement Construction）。是指建设单位将建设工程项目的设计、材料和设备采购、施工任务全部发包给一个承包单位。

②工程施工合同。是指建设单位将建设工程项目的施工任务发包给一家或者多家承包单位。

（2）工程勘察设计合同

工程勘察设计合同是指建设单位与工程勘察设计单位签订的合同。

（3）材料、设备采购合同

对于建设单位负责供应的材料、设备，建设单位需要与材料、设备供应单位签订采购合同。

（4）工程咨询、监理或项目管理合同

建设单位委托相关单位进行建设工程项目可行性研究、技术咨询、造价咨询、招标代理、项目管理、工程监理等，需要与相关单位签订工程咨询、监理或项目管理合同。

（5）贷款合同

贷款合同是指建设单位与金融机构签订的合同。

（6）其他合同

如建设单位与保险公司签订的工程保险合同等。

2. 承包单位的主要合同关系

承包单位作为工程承包合同的履行者，也可以通过签订合同将工程承包合同中所确定的工程设计、施工、材料设备采购等部分任务委托给其他相关单位来完成。

（1）工程分包合同

工程分包合同是指承包单位为将工程承包合同中某些专业工程施工交由另一承包单位（分包单位）完成而与其签订的合同。分包单位仅对承包单位负责，与建设单位没有合同关系。

（2）材料、设备采购合同

承包单位为获得工程所必需的材料、设备，需要与材料、设备供应单位签订采购合同。

（3）运输合同

运输合同是指承包单位为解决所采购材料、设备的运输问题而与运输单位签订的合同。

（4）加工合同

承包单位将建筑构配件、特殊构件的加工任务委托给加工单位时，需要与其签订加工合同。

（5）租赁合同

承包单位在工程施工中所使用的机具、设备等从租赁单位获得时，需要与租赁单位签订租赁合同。

（6）劳务分包合同

劳务分包合同是指承包单位与劳务供应单位签订的合同。

（7）保险合同

承包单位按照法律法规及工程承包合同的要求进行投保时，需要与工程保险公司签订保险合同。

三、建设工程监理制度

（一）建设工程监理概述

1. 建设工程监理的内涵

所谓建设工程监理，是指具有相应资质的工程监理单位受建设单位的委托，根据法律法规、有关工程建设标准、设计文件及合同，对工程的施工质量、造价、进度进行控制，对合同、信息进行管理，对施工单位的安全生产管理实施监督，参与协调工程建设相关方关系的专业化活动。

建设工程监理的行为主体是工程监理单位，既不同于政府建设主管部门的监督管理，也不同于总承包单位对分包单位的监督管理。工程监理的实施需要建设单位的委托和授权，只有在建设单位委托的前提下，工程监理单位才能根据有关工程建设法律法规、工程建设标准、工程设计文件及合同实施监理。

2. 建设工程监理的性质

建设工程监理的性质可以概括为服务性、科学性、独立性和公平性四个方面。

（1）服务性

工程监理单位既不直接进行工程设计，也不直接进行工程施工；既不向建设单位承包工程造价，也不参与施工单位的利益分成。在工程建设中，监理人员利用自己的知识、技能和经验、信息以及必要的试验、检测手段，为建设单位提供管理和技术服务。

工程监理单位的服务对象是建设单位，既不能完全取代建设单位的管理活动，也不具有工程建设重大问题的决策权，只能在建设单位授权范围内采用规划、控制、协调等方法，控制工程施工的质量、造价和进度，协助建设单位在计划目标内完成工程建设任务。

（2）科学性

工程监理单位以协助建设单位实现其投资目的为己任，力求在计划目标内建成工程。面对工程规模日趋庞大，环境日益复杂，功能、标准要求越来越高，新技术、新工艺、新材料、新设备不断涌现，参与工程建设的单位越来越多，工程风险日渐增加的形势，工程监理单位只有采用科学的思想、理论、方法和手段，才能驾驭工程建设。

为体现建设工程监理的科学性，工程监理单位应当由组织管理能力强、工程建设经验丰富的人员担任领导；应当有足够数量的、有丰富的管理经验和应变能力的监理工程师组成的骨干队伍；要有一套健全的管理制度；要掌握先进的管理理论、方法和手段；要积累足够的技术、经济资料和数据；要有科学的工作态度和严谨的工作作风，能够创造性地开展工作。

（3）独立性

工程监理单位应当根据建设单位的委托，客观、公正地执行监理任务。尽管工程监理单位是在建设单位委托授权的前提下实施监理，但其与建设单位之间的关系是基于建设工程监理合同而建立的，不得与施工单位、材料设备供应单位有隶属关系和其他利害关系。

工程监理单位应当严格按照有关法律法规、工程建设文件、工程建设标准、建设工程监理合同及其他建设工程合同等实施监理，在实施工程监理过程中，必须建立自己的组织，按照自己的工作计划、程序、流程、方法和手段，根据自己的判断，独立地开展工作。

（4）公平性

公平性是社会公认的职业道德准则，同时是工程监理行业能够长期生存和发展的基石。在实施工程监理过程中，工程监理单位应当排除各种干扰，客观、公平地对待建设单位和施工单位。特别是当建设单位与施工单位发生利益冲突或者矛盾时，工程监理单位应当以事实为依据，以法律和有关合同为准绳，在维护建设单位合法权益的同时，不能损害施工单位的合法权益。例如，在调解建设单位与承包单位之间的争议，处理费用索赔和工程延期、进行工程款支付控制以及竣工结算时，应当尽量客观、公平地对待建设单位和施工单位。

（二）建设工程监理的范围与任务

1.建设工程监理的范围

下列建设工程必须实行监理。

(1) 国家重点建设工程

国家重点建设工程是指依据《国家重点建设项目管理办法》所确定的对国民经济和社会发展有重大影响的骨干项目。

(2) 大中型公用事业工程

大中型公用事业工程是指项目总投资额在 3000 万元以上的下列工程项目：供水、供电、供气、供热等市政工程项目；科技、教育、文化等项目；体育、旅游、商业等项目；卫生、社会福利等项目；其他公用事业项目。

(3) 成片开发建设的住宅小区工程

成片开发建设的住宅小区工程，建筑面积在 5 万平方米以上的住宅建设工程必须实行监理；5 万平方米以下的住宅建设工程，可以实行监理，具体范围和规模标准，由省、自治区、直辖市人民政府建设主管部门规定。为了保证住宅质量，对高层住宅及地基、结构复杂的多层住宅应当实行监理。

(4) 利用外国政府或者国际组织贷款、援助资金的工程

包括：使用世界银行、亚洲开发银行等国际组织贷款资金的项目；使用国外政府及其机构贷款资金的项目；使用国际组织或者国外政府援助资金的项目。

(5) 国家规定必须实行监理的其他工程

国家规定必须实行监理的其他工程是指学校、影剧院、体育场馆项目和项目总投资额在 3000 万元以上关系社会公共利益、公众安全的下列基础设施项目：煤炭、石油、化工、天然气、电力、新能源等项目；铁路、公路、管道、水运、民航以及其他交通运输业等项目；邮政、电信枢纽、通信、信息网络等项目；防洪、灌溉、排涝、发电、引(供)水、滩涂治理、水资源保护、水土保持等水利建设项目；道路、桥梁、地铁和轻轨交通、污水排放及处理、垃圾处理、地下管道、公共停车场等城市基础设施项目；生态环境保护项目；其他基础设施项目。

2. 建设工程监理的中心任务

建设工程监理的中心任务就是控制建设工程项目目标，也就是控制经过科学规划所确定的建设工程项目质量、造价和进度目标。建设工程项目的三大目标是相互关联、互相制约的目标系统，不能将三大目标割裂后进行控制。

需要说明的是，建设工程监理要达到的目的是"力求"实现项目目标。工程监理单位和监理工程师将不是，也不能成为任何承包单位的工程承保人或保证人。在市场经济条件下，工程勘察、设计、施工及材料设备供应单位作为建筑产品或服务的卖方，应当根据合同按规定的质量、费用和时间要求完成约定的工程勘察、设计、施工及材料设备供应任务。否则，将承担合同责任。违法违规的，将承担法律责任。工程监理单位作为建设单位委托的专业单位，没有义务替工程项目其他参建各方承

担责任。谁设计、谁负责，谁施工、谁负责，谁供应材料和设备、谁负责。当然，如果工程监理单位、监理工程师没有履行法律法规及建设工程监理合同中规定的监理职责和义务，将会承担相应的监理责任。

第二章　建筑施工项目管理

第一节　工程项目管理

一、工程项目

工程项目是指投资建设领域中的项目，即为某种特定目的而进行投资建设并含有一定建筑或建筑安装工程的项目。例如，建设有一定生产能力的流水线；建设有一定制造能力的工厂或车间；建设有一定长度和等级的公路；建设有一定规模的医院、文化娱乐设施；建设有一定规模的住宅小区等。

二、工程项目具有一般项目的典型特征

（一）唯一性

尽管同类产品或服务会有许多相似的工程项目，但由于工程项目建设的时间、地点、条件等会有若干差别，都涉及某些以前没有做过的事情，所以它总是唯一的。例如，尽管建造了成千上万座住宅楼，但每一座都是唯一的。

（二）一次性

每个工程项目都有其确定的终点，所有工程项目的实施都将达到其终点，它不是一种持续不断的工作。从这个意义来讲，它们都是一次性的。当一个工程项目的目标已经实现，或者已经明确知道该工程项目的目标不再需要或不可能实现时，该工程项目即达到了它的终点。一次性并不意味着时间短，实际上许多工程项目要经历若干年。

（三）项目目标的明确性

工程项目具有明确的目标，服务于某种特定的目的。例如，修建一所希望小学以改善当地的教育条件。

（四）实施条件的约束性

工程项目都是在一定约束条件下实施的，如项目工期、项目产品或服务的质量，人、财、物等资源条件，法律法规，公众习惯，等等。这些约束条件既是工程项目是否成功的衡量标准，也是工程项目的实施依据。

三、工程项目的特点

（一）建设周期长

一个工程项目的建成往往需要几年，有的甚至更长。

（二）生产要素的流动性

工程的固定性决定了生产要素的流动性。

（三）工程的固定性

工程项目都含有一定的建筑或建筑安装工程，都必须固定在一定的地点，都必须受项目所在地资源、气候、地质等条件的制约，受到当地政府以及社会文化的干预和影响。工程项目既受其所处环境的影响，同时会对环境造成不同程度的影响。

（四）不可逆转性

工程项目实施完成后，很难推倒重来，否则将会造成巨大损失，因此工程建设具有不可逆转性。

（五）不确定因素多

工程项目建设过程中涉及面广，不确定性因素较多。随着工程技术复杂化程度的增加和项目规模的日益增大，工程项目中的不确定性因素日益增加，因而复杂程度较高。

（六）整体性强

一个工程项目往往由多个单项工程和单位工程组成，彼此之间紧密相关，必须结合到一起才能发挥工程项目的整体功能。

四、工程项目建设周期及阶段

每个阶段通常都包括一件事先定义好的工作成果，用来确定希望达到的控制水平。这些工作成果大部分都同主要阶段的可交付成果相联系，而该主要阶段一般也使用该可交付成果的名称命名，作为项目进展的里程碑。为了顺利完成工程项目的投资建设，通常要把每个工程项目划分成若干工作阶段，以便更好地进行管理。每个阶段都以一个或数个可交付成果作为其完成的标志。可交付成果就是某种有形的、可以核对的工作成果。可交付成果及其对应的各阶段组成了一个逻辑序列，最终形成了工程项目成果。通常，工程项目建设周期可划分为四个阶段：工程项目策划和决策阶段，工程项目准备阶段，工程项目实施阶段，工程项目竣工验收和总结评价阶段。大多数工程项目建设周期有共同的人力和费用投入模式，开始时慢，后来快，而当工程项目快要结束时又迅速减缓。

(一) 工程项目策划和决策阶段

主要工作包括：投资机会研究、初步可行性研究、可行性研究、项目评估及决策。此阶段的主要目标是对工程项目投资的必要性、可能性、可行性，以及为什么要投资、何时投资、如何实施等重大问题，进行科学论证和多方案比较。本阶段工作量不大，但十分重要。投资决策是投资者最为重视的，因为它对工程项目的长远经济效益和战略方向起着决定性的作用。为保证工程项目决策的科学性、客观性，可行性研究和项目评估工作应委托高水平的咨询公司独立进行，可行性研究和项目评估应由不同的咨询公司来完成。

(二) 工程项目准备阶段

主要工作包括：工程项目的初步设计和施工图设计，工程项目征地及建设条件的准备，设备、工程招标及承包商的选定、签订承包合同。本阶段是战略决策的具体化，它在很大程度上决定了工程项目实施的成败及能否高效率地达到预期目标。

(三) 工程项目实施阶段

主要任务是将"蓝图"变成工程项目实体，实现投资决策意图。在这一阶段，通过施工，在规定的范围、工期、费用、质量内，按设计要求高效率地实现工程项目目标。本阶段在工程项目建设周期中工作量最大，投入的人力、物力和财力最多，工程项目管理的难度也最大。

(四) 工程项目竣工验收和总结评价阶段

应完成工程项目的联动试车、试生产、竣工验收和总结评价。工程项目试生产正常并经业主验收后，工程项目建设即告结束。但从工程项目管理的角度看，在保修期间，仍要进行工程项目管理。总结评价是指对已经完成的项目建设目标、执行过程、效益、作用和影响所进行的系统的、客观的分析。它通过对项目实施过程、结果及其影响进行调查研究和全面系统回顾，与项目决策时确定的目标以及技术、经济、环境、社会指标进行对比，找出差别和变化，分析原因，总结经验，吸取教训，得到启示，提出对策建议，通过信息反馈，改善投资管理和决策，达到提高投资效益的目的。总结评价也是此阶段工作的重要内容。根据工程项目的复杂程度和实际管理需要，工程项目阶段划分还可以逐级分解展开。

五、企业内部软环境的影响

建立适应总承包的组织机构和管理架构。目前，除少数已改造为国际型工程公司的建设企业外，我国大多数勘察设计、施工企业没有建立与工程总承包相对应的组织机构，开展工程总承包的组织机构不健全。开展 EPC 总承包时，依然沿用过去的施工总承包的组织模式。复合型管理人才缺乏。21 世纪的竞争，主要是人才的竞争，工程总承包企业也不例外。我们缺乏的不仅是大量高素质的大型工程项目投标工作、合理确定报价、合理承包并商签合同的商业人才，还缺乏能够按照国际通行项目管理模式、程序、方法、标准进行管理，熟悉各种合同文本和各种项目管理软件，能够进行质量、投资、进度、安全、信息控制的复合型高级项目管理人才。

重视项目施工，忽视高层次总承包管理。我国对项目施工的实践，在降低成本、提高工程质量、缩短建设工期方面取得了重大的进展。但是，实践证明我国企业在进行大型工程的总承包管理时与下属分包的项目经理部管理方式完全不同。由于一些大型企业对总承包管理模式的学习、实践不够，忽视总承包管理研究，对国际承包商的惯例不了解，对总承包与分包的责权管理不清楚，容易导致企业在竞争中失败。

第二节 项目施工及管理创新

建筑工程项目施工管理的创新对建筑施工企业的生存与发展起着越来越重要的

作用，项目部作为企业的派出机构，是企业的缩影，代表着企业的形象，体现着企业的实力，是企业在市场的触点，是企业获得经济效益和社会效益的源泉，因此项目施工管理的有效运作是建筑施工企业的生命，唯有创新才能使生命之树常青。建筑工程项目施工管理是建筑施工企业根据经营发展战略和企业内外条件，按照现代企业运行规律，通过生产诸要素的优化配置和动态管理，以实现工程项目的合同目标、工程经济效益和社会效益。建筑施工企业的工程项目施工管理正逐步向着现代管理意义的工程项目施工管理方向发展。近年来，在我国市场经济体制逐步走向完善的情况下，建筑工程项目施工管理还面临着很多考验，需要我们在实践中不断创新，努力探索有中国特色的现代建筑工程项目施工管理模式，以更加适应生产力发展，适应市场经济的需要。

一、工程项目施工管理创新是现代企业制度建设的需要

新的要求促使建筑施工企业建立现代企业制度，不断创新和完善项目施工管理，而施工项目能否全面、顺利实施，解决好项目与企业的关系是关键。项目与企业间责任不明、关系模糊、激励不够、约束不严、不确定因素过多等严重影响着项目施工管理的正常实施，必须通过创新才能使项目施工管理适应现代企业制度建设的要求。时代的巨大变革，迫切要求建筑施工企业加强项目施工的创新。面对新的世纪，如何建立不断适应生产力发展需要，适应市场需要，适应提升企业文化及品牌效应需要的项目施工管理模式，努力走一条"创新、改革、发展"的一体化道路，是建筑施工企业亟须面对的一项艰巨而关键的任务，只有不断创新才能使项目施工具有强大的生命力。

二、项目施工管理的创新是建筑市场不断发展和日趋完善的要求

建筑施工企业在工程投标中存在的过度竞争、相互压价、低价中标，仍然是普遍现象。合同中不合理的要求、不平等的条款，使业主摆脱责任，承包商地位十分被动，设计和监理不能很好地履行职责，也难以履行职责，职能错位常常不自觉地发生。建筑市场是整个市场经济的重要组成部分，建筑市场的逐步完善和国际化必然要求项目施工管理通过不断创新来适应市场经济运行的规律。

三、项目施工管理的创新

(一) 观念创新

项目施工管理的创新方案，并不是要固定某一种模式，而是要不断寻求符合实

际的模式并不断创新完善，既要具有建筑施工企业的实际情况和项目施工管理的内在要求，又要根据时代要求和遵循创新原则提出创新方案。而探索符合市场规律的建筑工程施工管理模式的关键是企业高层管理者的重视，加大人才的培养、引进和凝聚，切实加强创新意识，以创新的思维方式对企业进行管理，即以市场的需求为出发点，要深刻认识项目施工管理创新的紧迫性、重要性、艰巨性和长期性，建筑施工企业应将项目施工管理的创新放在企业发展战略的高度来定位，并将创新工作落到实处。

（二）体制创新

对建筑施工企业项目施工管理进行机构创新后，必须对这一机构的体制进行创新，建立现代企业制度。第一，要确立有限责任制度。企业是项目分公司的投资主体，制订资产经营责任制，做到产权清晰，依法建立新型的产权关系。作为所有者的企业退居到控股公司的位置，用股东的方式来行使自己的职责，同时承担有限责任，用这个办法来界定企业与项目部各自的边界责任。第二，要建立企业法人财产制度。使项目部拥有一笔边界清楚的财产，用边界清楚的法人财产来承担法人责任，要依据边界清楚的法人财产来确定项目部地位。第三，要形成科学的治理结构，形成来自所有者（对项目部来说，企业就是所有者）的激励和约束，必须充分体现企业控股公司的意志。控股公司的意志是一方面追求最高利润，另一方面尽量回避市场风险。追求最高利润是对控股公司的激励，促使项目部要认真执行合同，切实抓好质量、工期、成本的控制，同时要回避由于合同缺陷、管理不善所带来的风险，使公司形成必要的约束，即来自控股公司的激励和约束。

（三）机制创新

创新的机制就是要使公司不断增强市场的竞争能力，牢牢占据已有的市场，不断开拓和占有潜在的市场。项目施工管理创新方案确立了组织机构，明确了母、分公司的体制，并相应建立起现代企业管理制度。创新的方案基本具备了，但这一方案的有效运行还要有创新的机制，方能使这一创新方案具有生命力。企业竞争力具体体现在企业的实力和企业对市场机遇的判断和捕捉能力方面，而企业的实力来源于项目部的社会效益和经济效益，市场机遇的判断和捕捉能力来源于项目部及时准确的信息和良好的业绩。因此，要增强企业实力，实际上就是加强项目部的建设，提高其盈利水平，提高其社会形象，提高其市场敏感性。必须对其建立激励机制，鼓励各类、各层次的人才脱颖而出，为人才创造环境，要给人才提供适应的土地、阳光和雨露；必须对其建立约束机制，约束项目部必须遵守党和国家的方针、政策，按市场规律合法经营、守法经营，约束项目部的经营者和广大职工遵守党纪、国法和企业的规章制度；必须对其建立风险机制和决策机制，规范项目部决策层的行为，实行民主、科学的决策程序，回避市场风险。

(四) 技术创新

技术创新的实质，是企业应用创新的知识和新技术、新工艺、新装备，采用新的生产方式和经营管理模式，提高产品的技术含量、附加值和市场竞争力，占据市场并实现市场价值。技术创新采用从后往前做的模式，即根据市场确定产品，根据产品确定技术和工艺，最后确定所采用的技术是自主开发、合作开发还是引进。项目施工管理只有在强有力的创新技术的支持下才能得以顺利实施，才能保证施工的质量和进度，才能获取最大的经济效益；只有掌握了相关的核心技术才能占领相应市场，使企业立于不败之地。技术创新还为体制创新、结构创新和机制创新提供支持和保障，是项目施工管理创新的基础。

四、工程施工阶段的投资控制

建设项目施工阶段，是把图纸和原材料、半成品、设备等变为实体的过程，是价值和使用价值实现的阶段。所谓投资控制，即行为主体在建设工程存在各种变化的条件下，按事先拟订的计划，通过采取各种方法、措施，达到目标造价的实现。目标造价为承包合同价或预算加合理的签证价。施工阶段的监理一般是指在建设项目已完成施工图设计，并完成招投标阶段工作和签订工程承包合同以后，监理工程师对工程建设的施工过程进行的监督和控制，是监督承包商按照工程承包合同规定的工期、质量和投资额圆满完成全部设计任务。监理工程师在施工过程中定期进行投资实际值与目标值的比较，通过比较发现并找出实际支出额与投资控制目标值之间的偏差，然后分析产生偏差的原因，并采取切实有效的措施加以控制，以保证投资控制目标的实现。

工程建设的施工阶段涉及面很广，牵涉人员很多，与投资控制有关的工作也很多。众所周知，建设项目的投资主要发生在施工阶段。在这一阶段中，尽管节约投资的可能性已经很小，但浪费投资的可能性却很大，因而仍要对投资控制给予足够的重视。仅靠控制工程款的支付是不够的，应从组织、经济、技术、合同等多方面采取措施，控制投资。在项目管理班子中落实控制投资的人员和职能分工。编制本阶段投资控制工作计划和详细的工作流程图；编制施工使用资金计划，确定、分解投资控制目标；进行工程计量；复核工程付款账单，签发付款证书。在施工过程中进行投资跟踪控制，定期进行投资实际支出值与计划目标值的比较，发现偏差，分析产生偏差的原因，采取纠偏措施。对工程施工过程中的投资支出做好分析与预测，经常或定期地向业主提交项目投资控制及存在问题的报告；对设计变更进行技术比较，严格控制设计变更；继续寻找通过设计挖潜节约投资的可能性。审核承包商编制的施工组织设计，对主要施工方案进行技术经济分析。做好工程施工记录，保存各种文件图纸，特别是注有实际施工变更情况的图纸，注意积累素材，为正确处理可能发生的索赔提供依据，参与处理索赔事宜。参与合同修改、补充工作，着重考虑它对投资控制的影响。正确编制资金使用计划，合理确定投资控制目标。投资控制的目的是确保投资目标的实现，因此，监理工程师必须编制资金使用计划，合理地确定建设项目投资控制目标值，包括建设项目的总目标值、分目标值、各细部目标值。如果没有明确的投资计划，未能合理地确定建设项目投资控制目标，就无法进行项目投资实际支出值与目标值的比较。不能进行比较也就不能找出偏差；不知道偏差程度，就会使控制措施缺乏针对性。在确定投资控制目标时，应有科学的依据。如果投资目标值与人工单价、材料预算价格、设备价格及各项有关费用和各种收费标准不相适应，那么投资控制目标便没有实现的可能，则控制也是徒劳的。监理工程师在监理过程中，编制合理的资金使用计划，作为投资控制的依据和目标是十分有必要的。同时，由于人们对客观事实的认识有个过程，也由于人们在一定时间内所具有的经验和知识有限，因此应辩证地对待工程项目的投资控制目标，既要维护投资控制目标的严肃性，也要允许对脱离实际的既定投资控制目标进行必要的调整。调整并不意味着可以随时改变项目投资控制的目标值，而必须按照有关规定和程序进行。

大中型建设项目可能由多个单项工程组成。每个单项工程还可能由多个单位工程组成，而每个单位工程又由许多分部分项工程组成，因此首先要把总投资分解到单项工程和单位工程。一般来说，将投资目标分解到各单项工程和单位工程是比较容易办到的，因此概、预算均是按单位工程和单项工作编制的。但需要注意的是，按这种方式分解总投资目标，分解工程费的内容繁杂，既有与具体单项工程或单位工程直接有关的费用，也有与整个工程项目建设有关的费用。因此，要想把工程建设其他费用分解到各个单项工程和单位工程，就需要采用适当的方法。最简单的方法就是按单项工程的建筑安装工程费和设备工器具购置费之和的比例分摊，但是这种按比例分摊的办法，其结果可能与实际支出的费用相差甚远。与其这样，倒不如对工程建设其他费用的具体内容进行分析，将其中确实与各单项工程和单位工程有关的费用(如固定资产投资方向调节税)分离出来，按照一定比例分解到相应的工程内容上。其他与整个建设项目有关的费用则不分解到各单项工程和单位工程上。对各单位工程的建筑安装工程费用还需要进一步分解，在施工阶段一般可分解到分部分项工程。在完成投资项目分解工作之后，接下来就要具体分配投资、编制工程分项的投资支出预算。包括材料费、人工费、机械费，同时包括承包企业的间接费用、利润等。

按单价合同签订的招标项目，可根据合同工程量清单上所定的单价确定，其他形式的承包合同在利用招标编制标底时所计算的材料费、人工费、机械使用费及考虑分摊的间接费用、利润等确定综合单价的同时，进一步核实工程量，准确确定该工程量分项的支出预算。编制资金使用计划时，要在项目总的方面考虑总的预备费，也要在主要的工程分项中安排适当的不可预见费。

在具体编制资金使用计划时，可能发现个别单位工程或工程量表中某项内容的工程量计算出入较大，这是由于招标时的工程量估算所做的投资预算失实，此时除对这些个别项目的预算支出进行相应调整外，还应特别注明系"预计超出子项"，在项目实施过程中尽可能地采取一些措施。建设项目的投资总是分阶段、分期支出的，资金使用是否合理与资金的时间安排有密切关系。为了编制资金使用计划，并据此筹措资金，尽可能减少资金占用和利息支出，有必要将总投资目标按使用时间进行分解，确定分目标值。编制按时间进度的资金使用计划，通常可利用控制项目进度的网络图进一步扩充而得，即建立网络图时：一方面确定完成某项施工活动所花的时间；另一方面确定完成这一工作的合适的支出预算。在实践中，将工程项目分解为既能方便地表示时间，又能方便地表示支出预算的活动是不容易的。通常如果项目分解程度对时间控制合适的话，则对支出预算分配过细，会导致不可能对每项活动确定其支出预算，反之亦然。因此，在编制网络计划时应妥善处理好这一点，既要考虑时间控制对项目划分的要求，又要考虑确定支出预算对项目划分的要求。

通过对项目进行分解，编制网络计划。利用确定的网络计划便可计算各项最早开工以及最迟开工时间，获得项目进度计划的甘特图。在甘特图的基础上便可编制按时间进度的投资支出预算。其表达方式有两种：一种是在总体控制时标网络图上表示，另一种是利用时间—投资累计曲线。可视项目投资大小及施工阶段时间的长短按月、星期或其他时间单位分配投资。建设单位可根据编制的预算支出曲线合理地安排建设资金，同时可以根据筹措的建设资金来调整预算支出曲线，即调整非关键路线上的工序项目的最早或最迟开工时间。一般而言，所有活动都按最迟开工时间开始，对节约建设单位的建设资金贷款利息有利，但同时降低了项目按期竣工的保证率。监理工程师必须制订合理的资金使用计划，达到既节约投资，又控制项目工期的目的，力争将实际的投资支出控制在预算范围内。

综上所述，建设项目实施阶段，是造价管理的重要环节，从施工组织设计到竣工结算，是投资花费的过程，若没有严格的管理措施，将层层突破投资。因此，必须从计划到竣工进行一层层严格管理，制定防范措施，保证预算目标值在实施阶段得到有效控制，降低工程造价。

第三节　项目施工管理的内容与程序

一、施工项目进度计划

(一) 施工项目进度计划的实施

施工项目进度计划的实施是施工活动的进展，也就是用施工进度计划指导施工活动、落实和完成计划。施工项目进度计划逐步实施的进程就是施工项目建造逐步完成的过程。为了保证施工项目进度计划的实施，并且尽量按编制的计划时间逐步进行，保证各进度目标的实现，应做好如下工作。

1.施工项目进度计划的贯彻

检查各层次的计划，形成严密的计划保证系统。施工项目的所有施工进度计划都是围绕一个总任务而编制的；它们之间的关系为高层次的计划是低层次计划的依据，低层次计划是高层次计划的具体化。在其贯彻执行时应当先检查是否协调一致，计划目标是否层层分解、互相衔接，组成一个计划实施的保证体系，以施工任务书的方式下达给施工队以保证实施，层层签订承包合同或下达施工任务书。施工项目经理、施工队和作业班组之间分别签订承包合同，按计划目标明确规定合同工期、相互承担的经济责任、权限和利益，或者采用下达施工任务书，将作业下达到施工班组，明确具体施工任务、技术措施、质量要求等内容，使施工班组必须保证按作业计划时间完成规定的任务。计划全面交底，发动群众实施计划。施工进度计划的实施是全体工作人员共同的行动，要使有关人员都明确各项计划的目标、任务、实施方案和措施，使管理层和作业层协调一致，将计划变成群众的自觉行动，充分发动、发挥群众的干劲和创造精神。在实施前要进行计划交底工作，可以根据计划的范围，通过召开全体职工代表大会或各级生产会议进行交底落实。

2.施工项目进度计划的实施

编制月 (旬) 作业计划。为了实施施工进度计划，将规定的任务结合现场施工条件，如施工场地的情况、劳动力机械等资源条件和施工的实际进度，在施工开始前和过程中不断地编制本月 (旬) 的作业计划，使施工计划更具体、切合实际和可行。在月 (旬) 计划中要明确：本月 (旬) 应完成的任务，提高劳动生产率和节约措施。编制好月（旬）作业计划后，将每项具体任务通过签发施工任务书的方式使其进一步落实。施工任务书是向班组下达任务实行责任承包、全面管理和原始记录的综合性文件，施工班组必须保证指令任务的完成，它是计划和实施的纽带。做好施工进度记录，填好施工进度统计表，在计划任务完成的过程中，各级施工进度计划的执行者都要跟踪做好施工记录，记录好计划中的每项工作开始日期、工作进度和完成日期。为施工项目进度检查分析提供信息，因此要求实事求是地记载，并填好有关图表，做好施工中的调度工作。施工中的调度是组织施工中各阶段、环节、专业和工种的互相配合、进度协调的指挥核心。调度工作是使施工进度计划顺利实施的重要手段。其主要任务是掌握计划实施情况，协调各方关系，采取措施，排除各种矛盾，加强各薄弱环节，实现动态平衡，保证完成作业计划和实现进度目标。调度工作内容主要有：监督作业计划的实施、调整协调各方的关系、监督检查施工准备工作；督促资源供应单位按计划供应劳动力、施工机具、运输车辆、材料构配件等，并对临时出现的问题采取调配措施；按施工平面图管理施工现场，结合实际情况进行必要的调整，保证文明施工；了解气候、水、电、气的情况，采取相应的防范和保证措施；及时发现和处理施工中的各种事故和意外事件，调节各薄弱环节，定期召开现场调度会议，贯彻施工项目主管人员的决策，发布调度令。

3. 施工项目进度计划的检查

在施工项目的实施进程中，为了进行进度控制，进度控制人员应经常地、定期地跟踪检查施工的实际进度情况，主要是收集施工项目进度材料，进行统计整理和对比分析，确定实际进度与计划进度之间的关系，其主要工作包括以下内容。

（1）跟踪检查施工实际进度

其目的是收集实际施工进度的有关数据。跟踪检查时间和收集数据质量，直接影响控制工作的质量和效果。一般检查的时间间隔与施工项目的类型、规模、施工条件和对进度执行要求程度有关，通常可以确定每月、半月、旬或周进行一次。若在施工中遇到天气、资源供应等不利因素的严重影响，检查的时间间隔可临时缩短，次数应频繁，甚至可以每日进行检查，或派人员驻现场督阵。检查和收集资料的方式一般采用进度报表方式或定期召开进度工作汇报会。为了保证汇报资料的准确性，进度控制的工作人员，要经常到现场察看施工项目的实际进度情况，从而保证经常定期地准确掌握施工项目的实际进度。

（2）整理统计检查数据

收集到的施工项目实际进度数据，要进行必要的整理、按计划控制的工作项目进行统计，形成与计划进度具有可比性的数据，相同的量纲和形象进度。一般可以按实物工程量、工作量和劳动消耗量以及累计百分比整理和统计实际检查的数据，以便与相应的计划完成量相对比。

（3）对比实际进度与计划进度

将收集的资料整理和统计成具有与计划进度可比性的数据后，用施工项目实际进度与计划进度的比较方法进行比较。通常采用的比较方法有：横道图比较法、S形曲线比较法和"香蕉"形曲线比较法、前锋线比较法和列表比较法等。通过比较得出实际进度与计划进度相一致、超前、拖后三种情况。

（4）施工项目进度检查结果的处理

施工项目进度检查的结果，按照检查报告制度的规定，形成进度控制报告向有关主管人员和部门汇报。进度控制报告是把检查比较的结果、有关施工进度现状和发展趋势，提供给项目经理及各级业务职能负责人的最简单的书面报告。进度控制报告是根据报告的对象不同，确定不同的编制范围和内容而分别编写的。一般分为项目概要级进度控制报告、项目管理级进度控制报告和业务管理级进度控制报告。项目概要级进度控制报告是报给项目经理、企业经理或业务部门以及建设单位或业主的。它是以整个施工项目为对象说明进度计划执行情况的报告。项目管理级进度控制报告是报给项目经理及企业各业务部门的。它是以单位工程或项目分区为对象说明进度计划执行情况的报告。业务管理级进度控制报告是就某个重点部位或重点问题为对象编写的报告，供项目管理者及各业务部门为其采取应急措施而使用的。进度报告由计划负责人或进度管理人员与其他项目管理人员协作编写。报告时间一般与进度检查时间相协调，也可按月、旬、周等间隔时间进行编写上报。进度控制报告的内容主要包括：项目实施概况、管理概况、进度概要；项目施工进度、形象进度及简要说明，施工图纸提供进度，材料、物资、构配件供应进度，劳务记录及预测，日历计划，对建设单位、业主和施工者的变更指令等。

（二）进度计划检查调整

借助于一定的表达方式，如横道图、线型图及网络图等，一旦完成计划编制，其后的工程项目进度管理工作，是在进度计划执行过程中及时发现进度偏差、分析偏差原因、形成有针对性的纠偏措施，直至最终解决进度偏差问题。

由于各种干扰因素的作用与影响，经过检查进度计划执行情况，往往会发现实际进度偏差的存在，并且通常会表现为计划工作不同程度的进度拖延。工程项目实施过程中进度拖延的原因通常包括：

（1）计划本身欠周密。

（2）管理工作失误。

解决进度拖延问题的措施可归结为以下方面：消除导致进度偏差的原因，尽可能从源头杜绝进度拖延现象；对于某种原因而形成的进度拖延，应尽快消除该原因造成的不利影响，力争避免由其造成进一步的进度拖延。若计划执行过程中的进度拖延业已成为事实，此时可考虑在工程成本目标水平的允许范围内，通过运用增加劳动力、材料和设备投入等各种措施手段，以有效加快后期工程进度。在确保施工工艺要求及工程质量不受影响的前提下裁减、合并或转移一部分计划量，通过改变计划工作之间的组织关系加快后期工程进度。借助网络计划技术时间参数计算分析的原理，准确估计进度拖延对后续工作能否如期完成造成影响的程度大小，优化调整后期的工程进度。

一般工程项目进度计划执行过程中如发生实际进度与计划进度不符，则必须修改与调整原定计划，从而使之与变化后的实际情况相适应。确切地讲，是否需要采取相应措施调整计划，应根据下述两种不同情况，进行详尽的具体分析。

（1）进度偏差体现为某项工作的实际进度超前，被影响工作为非关键工作及关键工程两种不同前提条件，计划执行过程中产生的进度偏差体现为工作的实际进度超前，若超前幅度不大，此时不必调整计划；若超前幅度过大，则此时必须调整计划。

（2）进度偏差体现为某项工作的实际进度滞后，工程项目进度计划执行过程中如果出现实际工作进度滞后，此种情况下是否调整原定计划，通常视进度偏差和相应工作总时差及自由时差的比较结果最终确定；若出现进度偏差的工作为关键工作，则由于工作进度滞后，必然引起后续工作最早开工时间的延误和整个计划工期的相应延长，因而必须对原定进度计划采取相应的调整措施。

（3）当出现进度偏差的工作为非关键工作，且工作进度滞后天数已超出其总时差时，由于工作进度延误同样会引起后续工作最早时间的延误和整个计划工期的相应延长，因而必须对原定进度计划采取相应的调整措施。

（4）若出现进度偏差的工作为非关键工作，且工作进度滞后天数已超出其自由时差而未超出总时差时，由于工作进度延误只引起后续工作最早开工时间的拖延而对整个计划工期无影响，因而此时只有在后续工作最早开工时间不宜推后的情况下才考虑对原定计划采取相应的调整措施。

（5）若出现进度偏差的工作为非关键工作，且工作进度滞后天数未超出其自由时差时，由于工作进度延误对后续工作最早开工时间的整个计划工期均无影响，因而不对原定计划采取任何调整措施。当经过上述步骤，确认有必要调整进度计划时，可应用以下两种方法，实施计划调整。

第一种方法：改变某些后续工作之间的逻辑关系。若进度偏差已影响计划工期，并且有关后续工作之间的逻辑关系允许改变，此时可变更位于关键线路，但延误时间已超出其总时差的有关工作之间的逻辑关系，从而达到缩短工期的目的。

第二种方法：缩短某些后续工作的持续时间，即通过运用压缩持续时间的手段，加快后期工程进度。

二、工程项目安全综合管理

(一) 环境控制

建立环境管理体系，实施环境监控。随着经济的高速增长，环境问题已迫切地摆在我们面前，它严重地威胁着人类社会的健康生存和可持续发展，并日益受到全社会的普遍关注。在项目的施工过程中，项目组织也要重视自己的环境表现和环境形象，并以一套系统化的方法规范其环境管理活动，满足法律的要求和自身的环境方针，以求得生存和发展。环境管理体系是整个管理体系的一个组成部分，包括为制定、实施、实现、评审和保持环境方针所需的组织结构、计划活动、职责、惯例、程序、过程和资源。环境管理体系是一个系统，因此需要不断地监测和定期评审，以适应变化着的内外部因素，有效地引导项目组织的环境活动。项目组织内的每个成员都应承担环境改进的职责。

在环境管理体系运行中，应根据项目的环境目标和指标，建立对实际环境表现进行测量和监测的系统，其中包括对遵循环境法律和法规的情况进行评价。还应对侧重的结果做出分析，以确定哪些部分是成功的，哪些部分是需要采取纠正措施和予以改进的活动。管理者应确保这些纠正和预防措施的贯彻，并采取系统的后续措施来确保它们的有效性。

(二) 对影响工程项目质量的环境因素的控制

1. 工程技术环境

工程技术环境包括工程地质、水文地质、气象等。需要对工程技术环境进行调查研究。工程地质方面要摸清建设地区的钻孔布置图、工程地质剖面图及土壤试验报告；水文地质方面要摸清建设地区全年不同季节的地下水位变化、流向及水的化学成分以及附近河流和洪水情况等；气象方面要了解建设地区的气温、风速、风向、降雨量、冬雨季月份等。

2. 工程管理

环境工程管理环境包括质量管理体系、环境管理体系、安全管理体系、财务管理体系等。上述各管理体系的建立与正常运行，能够保证项目各项活动的正常、有序进行，也是搞好工程质量的必要条件。

3. 劳动环境

劳动环境包括劳动组织、劳动工具、劳动保护与安全施工等。劳动组织的基础是分工和协作,分工得当既有利于提高工人的熟练程度,又便于劳动力的组织与运用;协作最基本的问题是配套,即各工种和不同等级工人之间互相匹配,从而避免停工窝工,获得最高的劳动生产率。劳动工具的数量、质量、种类应便于操作、使用,有利于提高劳动生产率。劳动保护与安全施工,是指在施工过程中,以改善劳动条件、保证员工的生产安全、保护劳动者的健康而采取的一系列管理活动,这项活动有利于发挥员工的积极性和提高劳动生产率。

(三) 建筑项目施工安全管理控制

项目安全控制是指项目经理对施工项目安全生产进行计划、组织、指挥、协调和监控的一系列活动,从而保证施工中的人身安全、设备安全、结构安全、财产安全和适宜的施工环境。确保安全目标实现的前提是坚持“安全第一、预防为主”的方针,树立“以人为本、关爱生命”的思想。项目经理部应建立安全管理体系和安全生产责任制,保证项目安全目标的实现。项目经理是项目安全生产的总负责人。事故的发生,是由于人的不安全行为 (人的错误推测与错误行为)、物的不安全状态、不良的环境和较差的管理,即事故的 4M 要素。针对事故构成的 4M 要素,采取有效控制措施,消除潜在的危险因素 (物的不安全状态) 和使人不发生误判断、误操作 (人的不安全行为),把事故隐患消除在萌芽状态,是施工安全动态管理的重要任务之一,是施工项目安全控制的重点。

(四) 控制人的不安全行为

不安全行为是与人的心理特征相违背,可能引起事故的行为。在生产中出现违章、违纪、冒险蛮干,把事情弄颠倒,没按要求或规定的时间操作,无意识动作及非理智行为等都是不安全行为的表现。大部分工伤事故都是在现场作业过程中发生的,施工现场作业是人、物、环境的直接交叉点,在施工过程中人起着主导作用。直接从事施工操作的人,随时随地活动于危险因素的包围之中,随时受到自身行为失误和危险状态的威胁和伤害,人为因素导致的事故占 80% 以上。人的行为既是可控的又是难控的,人员安全管理是安全生产管理的重点、难点。由于人的行为是由心理控制的,因此,要控制人的不安全行为应从调节人的心理状态、激励人的安全行为和加强管理等方面入手。

1. 安全心理调适法

心理品质包括一个人的感知感觉、思维、注意力、行为的协调连贯、反射、建立、反应能力等。这些素质都可通过教育培养得到提高。所以，在培养人的全过程中，要通过教育、职业训练、作风培养、体育锻炼、文化娱乐活动做好心理状态的转化工作。

2. 奖惩控制法

企业的安全生产涉及每个人，要搞好安全生产也只有依靠大家，让员工参与各种安全活动过程，尊重他们，信任他们，让他们在不同层次和不同深度参与决策，吸收正确的意见。通过参与，形成员工对安全生产的归属感、认同感。完成"要我安全"到"我要安全"最终到"我会安全"的质的转变。利用纪律的约束力，要求作业人员严格按照各种规章制度进行作业，杜绝违章指挥，违反劳动纪律现象的发生。纪律措施是预防性的，目的是提高员工遵守安全法规的自觉性，杜绝或减少违规行为，重点是防范。为使安全纪律发挥应有的效力，在制定员工纪律奖惩办法时，必须首先考虑与员工权利有关的问题，不能违背法律规定。

3. 管理控制法

管理控制可采取政策规范的控制、安全生产权力的控制、团体压力作用等。要利用政策规范的作用控制人的不安全行为，就必须贯彻落实国家和各级政府有关安全的方针、政策、规章，建立、完善企业的安全生产管理规章制度，并加强监督检查，严格执行。安全生产控制是依靠安全生产机构的权威，运用命令、规定、指示、条例等手段，直接对管理对象执行控制管理。必须建立完善的安全生产管理体系，并合理划定不同层次安全管理职位的权力和责任。在配备安全生产管理人员时，应考虑每个人合适的控制跨度，以确保每个管理者都有足够的时间和精力对作业人员的作业过程进行监控。团体影响力控制可以促进团队思想一致、行为一致、避免分裂，使团体作为整体能充分发挥作用，有利于安全生产目标的完成。在项目部中应营造一种安全氛围：引导广大员工树立正确的安全价值观，自觉遵守安全操作规程，使安全要求转化为大家的行为准则。做到不伤害自己，不伤害别人，不被别人伤害。实现"三无"目标：个人无违章，岗位无隐患，班组无事故。

(五) 建筑施工企业的安全管理

建筑业属于高风险行业，施工企业应该建立起严密、协调、有效、科学的安全管理体系。什么是建筑安全管理体系？建筑安全管理体系是施工企业以保证施工安全为目标，运用系统的概念和方法，把安全管理的各阶段、各环节和各职能部门的安全职能组织起来，形成一个既有明确的任务、职责和权限，又能互相协调、促进的有机整体。根据系统论的基本理论和系统构建的思路，建筑施工企业的安全管理体系理应包括如下内容：一是有明确的安全方针、目标和计划。每个建筑施工企业的安全管理体系必须有明确的安全方针、安全目标、安全计划，才能把各个部门、环节的安全管理工作组织起来，充分发挥各方的力量，使安全管理体系协调和正常运转。二是建立严格的安全生产责任制。安全管理工作是一项综合性工作，必须明确规定企业职能部门、各级人员在安全管理工作中所承担的职责、任务和权限。做到安全工作事事有人管，层层有人抓，检查有依据，评比有标准，建立一套以安全生产责任制为主要内容的考核奖惩办法和具有安全否决权的评比管理制度。三是设立专职安全管理机构。为了使安全管理体系卓有成效地运转，建筑施工企业各部门的安全职能得到充分发挥，应建立一个负责组织、协调、检查、督促工作的综合部门。安全管理机构的设置由建筑施工企业的生产规模、施工性质、生产技术特点、生产组织形式所决定。工程局、工程处设安全生产委员会，施工队设安全生产领导小组，班组设安全员。四是建立高效而灵敏的安全管理信息系统。要使安全管理体系正常运转，必须建立一个高效、灵敏的企业内部的信息系统，规范各种安全信息的传递方法和程序，在企业内部形成畅通无阻的信息网，准确、及时地搜集各种安全卫生信息，并设专人负责处理。五是开展群众性的安全管理活动。安全管理体系应建立在保证建筑安全施工和保护员工劳动安全卫生的基础上，因此，必须在建筑施工生产的各环节，经常性地开展各种形式的群众性安全管理宣传教育活动。六是实行安全管理程序化和管理业务标准化。安全管理流程程序化就是对企业生产经营活动中的安全管理工作进行分析，使安全管理工作过程合理化，并固定下来，用图表、文字表示出来。安全管理业务标准化就是将企业中行之有效的安全管理措施和办法制定成统一标准，纳入规章制度贯彻执行。建筑施工企业通过实现安全管理流程程序化和标准化，就可使安全管理工作条理化、规范化，避免职责不清、相互脱节、相互推诿等管理过程中常见的弊病。因此，它是安全管理体系的重要内容，也是建立安全管理体系的一项重要的基础工作。七是组织外部协作单位的安全保证活动。建筑施工企业所需的机械设备、安全防护用品等是影响施工安全的重要因素。安全性能良好的机械设备、安全防护用品等，是保证企业安全生产的必要条件。这就关系到外部协作单位对建筑施工企业在安全生产条件和生产技术方面的安全性、可靠性的保证，是建立和健全企业安全管理体系不可缺少的内容。

（六）建立施工企业安全管理体系的途径

成功经验表明，建筑施工企业建立安全管理体系，首先应有明确的指导思想，即安全是施工企业发展永恒的主题。因此，在建立企业安全管理体系的方式、方法上仍须不断完善。必须克服在安全问题上的短期行为、侥幸心理和事故难免的思想；对安全问题要常抓不懈、居安思危、有备无患、坚定信心，坚持"安全第一、预防为主"的方针；依靠企业全体人员的共同努力；企业法人代表负责，亲自抓安全；对施工组织进行安全评价与审核；加强施工事故的预防与不安全因素的控制，加速安全信息的传递；有计划、有步骤地把外协单位提供的产品、零部件和劳务等的安全需求纳入本企业的安全管理体系中；不断健全与完善安全管理体系。建立安全管理体系要从企业的实际情况出发，选择合适的方式。可把整个企业的生产经营活动作为一个大系统，再直接着手建立安全管理体系，也可把工程项目作为对象建立项目安全管理体系。建立安全管理体系的目的是要根据安全方针、安全目标、安全计划的规定和安排，使它有效地运转起来，发挥作用，保证安全生产。这就要求全体职工对施工安全具有强烈的事业心和责任心，不断提高技术素质，胜任本岗位的安全操作。这些都是建筑施工企业建立安全管理体系过程中最重要的环节。真正转移到提高劳动者的安全科技文化素质，依靠先进的安全科学技术的轨道上来，同时要加强组织学习国际上职业安全卫生管理体系的经验和标准，充实企业的安全管理体系。

三、工程项目施工现场管理

(一) 现场场容管理规范

施工现场场容规范化应建立在施工平面图设计的科学合理化和物料器具定位管理标准化的基础上。承包人应根据本企业的管理水平，建立和健全施工平面图管理和现场物料器具管理标准，为项目经理部提供场容管理策划的依据。项目经理部必须结合施工条件，按照施工方案和施工进度计划的要求，认真地进行施工平面图的规划、设计、布置、使用和管理。施工平面图宜按指定的施工用地范围和布置的内容，分别进行布置和管理。单位工程施工平面图宜根据不同施工阶段的需要，分别设计成阶段性的施工平面图，并在阶段性进度目标开始实施前，通过施工协调会议确认后实施。项目经理部应严格按照已审批的施工总平面图或相关的单位工程施工平面图划定的位置，布置施工项目的主要机械设备、脚手架、密封式安全网和围挡、模具、施工临时道路、供水、供电、供气管道或线路、施工材料制品堆场及仓库、土方及建筑垃圾、变配电室、消火栓、警卫室、现场的办公、生产和生活临时设施等。施工物料器具除应按施工平面图指定位置布置外，还应根据不同的特点和性质，规范布置方式与要求，执行码放整齐、限宽限高、上架入箱、规格分类、挂牌标志等管理标准。应在施工现场周边设置临时围护设施。市区工地的周边围护设施高度不应低于1.8m，临街脚手架、高压电缆、起重把杆回转半径伸至街道的，均应设置安全隔离棚。危险品库附近应有明显标志及围挡设施。施工现场应设置畅通的排水沟渠系统，场地不积水、不积泥浆，保持道路干燥坚实，工地地面应做硬化处理。

（二）一般规定

项目经理部应认真搞好施工现场管理，做到文明施工、安全有序、整洁卫生、不扰民、不损害公众利益。现场门头应设置承包人的标志。承包人项目经理部应负责施工现场场容文明形象管理的总体策划和部署；各分包人应在承包人项目经理部的指导和协调下，按照分区划块原则，搞好分包人施工用地区域的场容文明形象管理规划，严格执行，并纳入承包人的现场管理范畴，接受监督、管理与协调。项目经理部应在现场入口的醒目位置，公示下列内容：工程概况牌，包括：工程规模、性质、用途、发包人、设计人、承包人和监理单位的名称、施工起止年月、安全纪律牌、防火须知、安全无重大事故计时牌、安全生产、文明施工等。项目经理部组织架构及主要管理人员名单图。项目经理应把施工现场管理列入经常性的巡视检查内容，安全生产与日常管理有机结合，认真听取邻近单位、社会公众的意见和反应，及时整改。

第三章　建筑工程项目资源与成本管理

第一节　建筑工程项目资源管理

一、建筑工程项目资源管理概述

(一)建筑工程项目资源管理的概念

1. 资源

资源，也称为生产要素，是指创造产品所需要的各种因素，即形成生产力的各种要素。建筑工程项目的资源通常是指投入施工项目的人力资源、材料、机械设备、技术和资金等各要素，既是完成施工任务的重要手段，也是建筑工程项目得以实现的重要保证。

(1)人力资源

人力资源是指在一定时间空间条件下，劳动力数量和质量的总和。劳动力泛指能够从事生产活动的体力和脑力劳动者，是施工活动的主体，是构成生产力的主要因素，也是最活跃的因素，具有主观能动性。

人力资源掌握生产技术，运用劳动手段，作用于劳动对象，从而形成生产力。

(2)材料

材料是指在生产过程中将劳动加于其上的物质资料，包括原材料、设备和周转材料。通过对其进行"改造"形成各种产品。

(3)机械设备

机械设备是指在生产过程中用以改变或影响劳动对象的一切物质因素，包括机械、设备工具和仪器等。

(4)技术

技术指人类在改造自然、改造社会的生产和科学实践中积累的知识、技能、经验及体现它们的劳动资料。包括操作技能、劳动手段、劳动者素质、生产工艺、试验检验、管理程序和方法等。

科学技术是构成生产力的第一要素。科学技术的水平决定和反映了生产力的水平。科学技术被劳动者所掌握，并且融入劳动对象和劳动手段中，便能形成相当于科学技术水平的生产力水平。

（5）资金

在商品生产条件下，进行生产活动，发挥生产力的作用，进行劳动对象的改造，还必须有资金，资金是一定货币和物资的价值总和，是一种流通手段。投入生产的劳动对象、劳动手段和劳动力，只有支付一定的资金才能得到；也只有得到一定的资金，生产者才能将产品销售给用户，并以此维持再生产活动或扩大再生产活动。

2. 建筑工程项目资源管理

建筑工程项目资源管理，是按照建筑工程项目的一次性特点和自身规律，对项目实施过程中所需要的各种资源进行优化配置，实施动态控制，有效利用，以降低资源消耗的系统管理方法。

（二）建筑工程项目资源管理的内容

建筑工程项目资源管理包括人力资源管理、材料管理、机械设备管理、技术管理和资金管理。

1. 人力资源管理

人力资源管理是指为了实现建筑工程项目的既定目标，采用计划、组织、指挥、监督、协调、控制等有效措施和手段，充分开发和利用项目中人力资源所进行的一系列活动的总称。

目前，我国企业或项目经理部在人员管理上引入了竞争机制，有多种用工形式，包括固定工、临时工、劳务分包公司所属合同工等。项目经理部进行人力资源管理的关键在于加强对劳务人员的教育培训，提高他们的综合素质，加强思想政治工作，明确责任制，调动职工的积极性，加强对劳务人员的作业检查，以提高劳动效率，保证作业质量。

2. 材料管理

材料管理是指项目经理部为顺利完成工程项目施工任务进行的材料计划、订货采购、运输、库存保管、供应加工、使用、回收等一系列的组织和管理工作。

材料管理的重点在现场，项目经理部应建立完善的规章制度，厉行节约和减少损耗，力求降低工程成本。

3. 机械设备管理

机械设备管理是指项目经理部根据所承担的具体工作任务，优化选择和配备施工机械，并且合理使用、保养和维修等各项管理工作。机械设备管理包括选择、使用、保养、维修、改造、更新等诸多环节。

机械设备管理的关键是提高机械设备的使用效率和完好率，实行责任制，严格按照操作规程加强机械设备的使用、保养和维修。

4.技术管理

技术管理是指项目经理部运用系统的观点、理论和方法对项目的技术要素与技术活动过程进行计划、组织、监督、控制、协调的全过程管理。

技术要素包括技术人才、技术装备、技术规程、技术资料等；技术活动过程指技术计划、技术运用、技术评价等。技术作用的发挥，除取决于技术本身的水平外，在很大程度上还依赖技术管理水平。没有完善的技术管理，先进的技术是难以发挥作用的。

建筑工程项目技术管理的主要任务是科学地组织各项技术工作，充分发挥技术的作用，确保工程质量；努力提高技术工作的经济效果，使技术与经济有机地结合起来。

5.资金管理

资金，从流动过程来讲，首先是投入，即筹集到的资金投入工程项目上；其次是使用，也就是支出。资金管理，也就是财务管理，指项目经理部根据工程项目施工过程中资金流动的规律，编制资金计划、筹集资金、投入资金、资金使用、资金核算与分析等管理工作。项目资金管理的目的是保证收入、节约支出、防范风险和提高经济效益。

（三）建筑工程项目资源管理的意义

建筑工程项目资源管理的最根本意义是通过市场调研，对资源进行合理配置，并在项目管理过程中加强管理，力求以较低的投入，取得较高的经济效益。具体体现在以下几点。

（1）进行资源优化配置，即适时、适量、比例适当、位置适宜地配备或投入资源，以满足工程需要。

（2）进行资源的优化组合，使投入工程项目的各种资源搭配适当，在项目中发挥协调作用，有效地形成生产力，适时、合格地生产出产品（工程）。

（3）进行资源的动态管理，即按照项目的内在规律，有效地计划、组织、协调、控制各资源，使之在项目中合理流动，在动态中寻求平衡。动态管理的目的和前提是优化配置与组合，动态管理是优化配置和组合的手段与保证。

（4）在建筑工程项目运行中，合理、节约地使用资源，以降低工程项目成本。

（四）建筑工程项目资源管理的主要环节

1. 编制资源配置计划

编制资源配置计划的目的，是根据业主需要和合同要求，对各种资源投入量、投入时间、投入步骤做出合理安排，以满足施工项目实施的需要。计划是优化配置和组合的手段。

2. 资源供应

为保证资源的供应，应根据资源配置计划，安排专人负责组织资源的来源，进行优化选择，并投入施工项目，使计划得以实现，保证项目的需要。

3. 节约使用资源

根据各种资源的特性，科学配置和组合、协调投入、合理使用，不断纠正偏差，达到节约资源、降低成本的目的。

4. 对资源使用情况进行核算

通过对资源的投入、使用与产出的情况进行核算，了解资源的投入、使用是否恰当，最终实现节约资源的目的。

5. 进行资源使用效果的分析

一方面对管理效果进行总结，找出经验和问题，评价管理活动；另一方面为管理提供储备和反馈信息，以指导后续（或下一循环）的管理工作。

二、建筑工程项目人力资源管理

建筑企业或项目经理部进行人力资源管理，根据工程项目施工现场客观规律的要求，合理配备和使用人力资源，并按工程进度的需要不断调整，在保证现场生产计划顺利完成的前提下，提高劳动生产率，争取以最小的劳动消耗取得最大的社会效益和经济效益。

（一）人力资源优化配置

人力资源优化配置的目的是保证施工项目进度计划的实现，提高劳动力使用效率，降低工程成本。项目经理部应根据项目进度计划和作业特点优化配置人力资源，制订人力需求计划，报企业人力资源管理部门批准。企业人力资源管理部门与劳务分包公司签订劳务分包合同。远离企业本部的项目经理部，可在企业法定代表人授权下与劳务分包公司签订劳务分包合同。

1. 人力资源配置的要求

（1）数量合适

根据工程量的多少和合理的劳动定额，结合施工工艺和工作面的情况确定劳动者的数量，使劳动者在工作时间内满负荷工作。

（2）结构合理

劳动力在组织中的知识结构、技能结构、年龄结构、体能结构、工种结构等方面，应与所承担的生产任务相适应，满足施工和管理的需要。

（3）素质匹配

素质匹配是指劳动者的素质结构与物质形态的技术结构相匹配；劳动者的技能素质与所操作的设备、工艺技术的要求相适应；劳动者的文化程度、业务知识、劳动技能、熟练程度和身体素质等与所担负的生产和管理工作相适应。

2. 人力资源配置的方法

人力资源的高效率使用，关键在于制订合理的人力资源使用计划。企业管理部门应审核项目经理部的进度计划和人力资源需求计划，并做好下列工作。

（1）在人力资源需求计划的基础上编制工种需求计划，防止漏配。必要时根据实际情况对人力资源计划进行调整。

（2）人力资源配置应贯彻节约原则，尽量使用自有资源；若当下的劳动力不能满足要求，项目经理部应向企业申请加配，或在企业授权范围内进行招募，或把任务转包出去；如现有人员或新招收人员在专业技术或素质上不能满足要求，应提前进行培训，再上岗作业。

（3）人力资源配置应有弹性，让班组有超额完成指标的可能，激发工人的劳动积极性。

（4）尽量使项目使用的人力在组织上保持稳定，防止频繁变动。

（5）为保证作业需要，工种组合、能力搭配应适当。

（6）应使人力资源均衡配置便于管理，达到节约的目的。

3. 劳动力的组织形式

企业内部的劳务承包队，是按作业分工组成的，根据签订的劳务合同可以承包项目经理部所辖的一部分或全部工程的劳务作业任务。其职责是接受企业管理层的派遣，承包工程，进行内部核算，并负责职工培训、思想工作、生活服务、支付工人劳动报酬等。

项目经理部根据人力需求计划、劳务合同的要求，接收劳务分包公司提供的作业人员，根据工程需要，保持原建制不变，或重新组合。组合的形式有以下三种。

（1）专业班组

即按施工工艺由同一工种（专业）的工人组成的班组。专业班组只完成其专业范围内的施工过程。这种组织形式有利于提高专业施工水平，提高劳动熟练程度和劳动效率，但各工种之间的协作配合难度较大。

（2）混合班组

即按产品专业化的要求由相互联系的多工种工人组成的综合性班组。工人在一个集体中可以打破工种界限，混合作业，有利于协作配合，但不利于专业技能及操作水平的提高。

（3）大包队

大包队实际上是扩大了的专业班组或混合班组，适用于一个单位工程或分部工程的综合作业承包，队内还可以划分专业班组。优点是可以进行综合承包，独立施工能力强，有利于协作配合，简化了项目经理部的管理工作。

（二）人力资源动态管理

人力资源动态管理是指根据项目生产任务和施工条件的变化对人力需求和使用进行跟踪平衡、协调，以解决劳务失衡、劳务与生产脱节的动态过程。其目的是实现人力动态的优化组合。

1. 人力资源动态管理的原则

（1）以建筑工程项目的进度计划和劳务合同为依据。

（2）始终以劳动力市场为依托，允许人力在市场内充分合理地流动。

（3）以企业内部劳务的动态平衡和日常调度为手段。

（4）以达到人力资源的优化组合和充分调动作业人员的积极性为目的。

2. 项目经理部在人力资源动态管理中的责任

为了提高劳动生产率，充分有效地发挥和利用人力资源，项目经理部应做好以下工作。

（1）应根据工程项目人力需求计划向企业劳务管理部门申请派遣劳务人员，并签订劳务合同。

（2）为了保证作业班组有计划地进行作业，项目经理部应按规定及时向班组下达施工任务单或承包任务书。

（3）在项目施工过程中不断地进行劳动力平衡、调整，解决施工要求与劳动力数量、工种、技术能力、相互配合间存在的矛盾。项目经理部可根据需要及时进行人力的补充或裁减。

（4）按合同支付劳务报酬。解除劳务合同后，将人员遣归劳务市场。

3. 企业劳务管理部门在人力资源动态管理中的职责

企业劳务管理部门对劳动力进行集中管理，在动态管理中起着主导作用，应做好以下工作。

（1）根据施工任务的需要和变化，从社会劳务市场中招募和遣返劳动力。

（2）根据项目经理部提出的劳动力需要量计划与项目经理部签订劳务合同，按合同向作业队下达任务，派遣队伍。

（3）对劳动力进行企业范围内的平衡、调度和统一管理。某一施工项目中的承包任务完成后，收回作业人员，重新进行平衡、派遣。

（4）负责企业劳务人员的工资、奖金管理，实行按劳分配，兑现奖罚。

（三）人力资源的教育培训

作为建筑工程项目管理活动中至关重要的一个环节，人力资源培训与考核起到了及时为项目输送合适的人才、在项目管理过程中不断提高员工素质和适应力、全力推动项目进展等作用。在组织竞争与发展中，努力使人力资源增值，从长远来说是一项战略性任务，而培训开发是人力资源增值的重要途径。

建筑业属于劳动密集型产业，人员素质层次不同，劳动用工中的合同工和临时工比重大，人员素质较低，劳动熟练程度参差不齐，专业跨度大，室外作业及高空作业多，使得人力资源管理具有很大的复杂性。只有加强人力资源的教育培训，对拟用的人力资源进行岗前教育和业务培训，不断提高员工素质，才能提高劳动生产率，充分有效地发挥和利用人力资源，减少事故的发生率，降低成本，提高经济效益。

1. 合理的培训制度

（1）计划合理

根据以往培训的经验，初步拟定各类培训的时间周期。认真细致地分析培训需求，初步安排不同层次员工的培训时间、培训内容和培训方式。

（2）注重实施

在培训过程中，做好各个环节的记录，实现培训全过程的动态管理。与参加培训的员工保持良好的沟通，根据培训意见反馈情况，对出现的问题和建议，与培训师进行沟通，及时纠偏。

（3）跟踪培训效果

培训结束后，对培训质量、培训费用、培训效果进行科学的评价。其中，培训效果是评价的重点，应主要包括是否公平分配了企业员工的受训机会、通过培训是否提高了员工满意度、是否节约了时间和成本、受训员工是否对培训项目满意等。

2.层次分明的培训

建筑工程项目人员一般有三个层次，即高层管理者、中层协调者和基层执行者。其职责和工作任务各不相同，对其素质的要求自然也是不同的。因此，在培训过程中，对于三个层次人员的培训内容、方式均要有所侧重。如对进场劳务人员首先要进行入场教育和安全教育，使其具备必要的安全生产知识，熟悉有关安全生产规章制度和操作规程，掌握本岗位的安全操作技能；其次不断地进行技术培训，提高其操作熟练程度。

3.合适的培训时机

培训时机是有讲究的。在建筑工程项目管理中，鉴于施工季节性强的特点，不能强制要求现场技术人员在施工的最佳时机离开现场进行培训，否则，不仅会影响生产，培训的效果也会大打折扣。因此，合适的培训时机，会带来更好的培训效果。

(四)人力资源的绩效评价与激励

人力资源的绩效评价既要考虑人力的工作业绩，还要考虑其工作过程、行为方式和客观环境条件，并且应与激励机制相结合。

1.绩效评价的含义

绩效评价指按照一定标准，应用具体的评价方法，检查和评定人力个体或群体的工作过程、工作行为、工作结果，以反映其工作成绩，并将评价结果反馈给个体或群体的过程。

绩效评价一般分为三个层次：组织整体的、项目团队或项目小组的、员工个体的绩效评价。其中，个体的绩效评价是项目人力资源管理的基本内容。

2.绩效评价的作用

现代项目人力资源管理是系统性管理，即从人力资源的获得、选择与招聘，到使用中的培训与提高、激励与报酬、考核与评价等全方位、专门的管理体系，其中绩效评价尤其重要。绩效评价为人力资源管理各方提供反馈信息，作用如下。

(1)绩效评价可使管理者重新制订或修订培训计划，纠正可识别的工作失误。

(2)确定员工的报酬。现代项目管理要求员工的报酬遵守公平与效率的原则。因此，必须对每位员工的劳动成果进行评定和计量，按劳分配。合理的报酬不仅是对员工劳动成果的认可，还可以产生激励作用，在组织内部形成竞争的氛围。

(3)通过绩效评价，可以掌握员工的工作信息，如工作成就、工作态度、知识和技能的运用程度等，从而决定员工的留退、升降、调配。

(4)通过绩效评价，有助于管理者对员工实施激励机制，如薪酬奖励、授予荣誉、培训提高等。

为了充分发挥绩效评价的作用，在绩效评价方法、评价过程、评价影响等方面，必须遵循公开公平、客观公正、多渠道、多方位、多层次的评价原则。

3.员工激励

员工激励是做好项目管理工作的重要手段，管理者必须深入了解员工个体或群体的各种需要，正确选择激励手段，制定合理的奖惩制度，恰当地采取奖惩和激励措施。激励能够提高员工的工作效率，有助于项目整体目标的实现，有助于提高员工的素质。

激励方式多种多样，如物质激励与荣誉激励、参与激励与制度激励、目标激励与环境激励、榜样激励与情感激励等。

三、建筑工程项目材料管理

做好建筑工程项目材料管理工作，有利于合理使用和节约材料，保证并提高建筑产品的质量，降低工程成本，加速资金周转，增加企业盈利，提高经济效益。

(一) 建筑工程项目材料的分类

一般建筑工程项目中，用到的材料品种繁多，材料费用占工程造价的比重较大，加强材料管理是提高经济效益的最主要途径。材料管理应抓住重点、分清主次、分别管理控制。

材料分类有很多方法。可按材料在生产中的作用、材料的自然属性和管理方法的不同进行分类。

1.按材料的作用分类

按材料在建筑工程中所起的作用可分为主要材料、辅助材料和其他材料。这种分类方法便于制定材料的消耗定额，从而进行成本控制。

2.按材料的自然属性分类

按材料的自然属性可分为金属材料和非金属材料。这种分类方法便于根据材料的物理、化学性能进行采购、运输和保管。

3.按材料的管理方法分类

ABC 分类法是按材料价值在工程中所占比例来划分的，这种分类方法便于找出材料管理的重点对象，针对不同对象采取不同的管理措施，以便取得良好的经济效益。

ABC 分类法是把成本占材料总成本的 75% ~ 80%，而数量占材料总数量10% ~ 15% 的材料列为 A 类材料；成本占材料总成本的 10% ~ 15%，而数量占材料总数量 20% ~ 25% 的材料列为 B 类材料；成本占材料总成本的 5% ~ 10%，而数量占材料总数量65%～70%的材料列为C类材料。A类材料为重点管理对象，如钢材、水泥、木材、砂子、石子等，由于其占用资金较多，要严格控制订货量，尽量减少库存，把这类材料控制好，能节约资金；B类材料为次要管理对象，对B类材料也不能忽视，应认真管理，定期检查，控制其库存，按经济批量订购，按储备定额储备；C类材料为一般管理对象，可采取简化方法管理，稍加控制即可。

(二) 建筑工程项目材料管理的任务

建筑工程项目材料管理的主要任务，可归纳为保证供应、降低消耗、加速周转、节约费用四个方面，具体内容如下。

1. 保证供应

材料管理的首要任务是根据施工生产的要求，按时、按质、按量供应生产所需的各种材料。经常保持供需平衡，既不短缺导致停工待料，也不超储积压造成浪费和资金周转失灵。

2. 降低消耗

合理地、节约地使用各种材料，提高它们的利用率。为此，要制定合理的材料消耗定额，严格地按定额计划平衡材料、供应材料、考核材料消耗情况，在保证供应时监督材料的合理使用、节约使用。

3. 加速周转

缩短材料的流通时间，加速材料周转，这也意味着加快资金的周转。为此，要统筹安排供应计划，搞好供需衔接；要合理选择运输方式和运输工具，尽量就近组织供应，力争直达直拨供应，减少二次搬运；要合理设库和科学地确定库存储备量，保证及时供应，加快周转。

4. 节约费用

全面地实行经济核算，不断降低材料管理费用，以最少的资金占用、最低的材料成本，完成最多的生产任务。为此，在材料供应管理工作中，必须明确经济责任，加强经济核算，提高经济效益。

(三) 建筑工程项目材料的供应

1. 企业管理层的材料采购供应

建筑工程项目材料管理的目的是贯彻节约原则，降低工程成本。材料管理的关键环节在于材料的采购供应。工程项目所需要的主要材料和大宗材料，应由企业管理层负责采购，并按计划供应给项目经理部，企业管理层的采购与供应直接影响着项目经理部工程项目目标的实现。

企业物流管理部门对工程项目所需的主要材料、大宗材料实行统一计划、统一采购、统一供应、统一调度和统一核算，并对使用效果进行评估，实现工程项目的材料管理目标。企业管理层材料管理的主要任务如下。

（1）综合各项目经理部材料需用量计划，编制材料采购和供应计划，确定并考核施工项目的材料管理目标。

（2）建立稳定的供货渠道和资源供应基地，在广泛搜集信息的基础上，发展多种形式的横向联合，建立长期、稳定、多渠道可供选择的货源，组织好采购招标工作，以便获取优质低价的物质资源，为提高工程质量、降低工程成本打下牢固的物质基础。

（3）制定本企业的材料管理制度，包括材料目标管理制度、材料供应和使用制度，并进行有效的控制、监督和考核。

2. 项目经理部的材料采购

为了满足施工项目的特殊需要，调动项目管理层的积极性，企业应授权项目经理部必要的材料采购权，负责采购授权范围内所需的材料，以利于弥补相互间的不足，保证供应。随着市场经济的不断完善，建筑材料市场必将不断扩大，项目经理部的材料采购权也会越来越大。此外，对于企业管理层的采购供应，项目管理层也可拥有一定的建议权。

3. 企业应建立内部材料市场

为了提高经济效益，促进节约，培养节约意识，降低成本，提高竞争力，企业应在专业分工的基础上，把商品市场的契约关系、交换方式、价格调节、竞争机制等引入企业，建立企业内部的材料市场，满足施工项目的材料需求。

在内部材料市场中，企业材料部门是卖方，项目管理层是买方，各方的权限和利益由双方签订买卖合同予以明确。主要材料和大宗材料、周转材料、大型工具、小型及随手工具均应采取付费或租赁方式在内部材料市场解决。

（四）建筑工程项目材料的现场管理

1. 材料的管理责任

项目经理是现场材料管理的全面领导者和责任者；项目经理部材料员是现场材料管理的直接责任人；班组料具员在主管材料员的业务指导下，协助班组长并监督本班组合理领料、用料、退料。

2. 材料的进场验收

材料进场验收能够划清企业内部和外部的经济责任，防止进料中的差错事故和因供货单位、运输单位的责任事故给企业造成不应有的损失。

（1）进场验收要求

材料进场验收必须做到认真、及时、准确、公正、合理；严格检查进场材料中有害物质的含量检测报告，按规范应复验的必须复验，无检测报告或复验不合格的应予以退货；严禁使用有害物质含量不符合国家规定的建筑材料。

（2）进场验收

材料进场前应根据施工现场平面图进行存料场地及设施的准备，保持进场道路畅通，以便运输车辆进出。验收的内容包括单据验收、数量验收和质量验收。

（3）验收结果处理

①进场材料验收后，验收人员应按规定填写各类材料的进场检测记录。

②材料经验收合格后，应及时办理入库手续，由负责采购供应的材料人员填写《验收单》，经验收人员签字后办理入库，并及时登账、立卡、标识。

③经验收不合格，应将不合格的物资单独码放于不合格区，并进行标识，尽快退场，以免用于工程中。同时做好不合格品记录和处理情况记录。

④已进场（入库）材料，发现质量问题或技术资料不齐时，收料员应及时填报《材料质量验收报告单》报上一级主管部门，以便及时处理，暂不发料，不使用，原封妥善保管。

3. 材料的储存与保管

材料的储存，应根据材料的性能和仓库条件，按照材料保管规程，采用科学的方法进行保管和保养，以减少材料保管损耗，保持材料原有使用价值。进场的材料应建立台账，要日清、月结、定期盘点、账实相符。

材料储存应满足下列要求。

（1）入库的材料应按型号、品种分区堆放，并分别编号、标识。

（2）易燃易爆的材料应专门存放、由专人负责保管，并有严格的防火、防爆措施。

（3）有防湿、防潮要求的材料，应采取防湿、防潮措施，并做好标识。

（4）有保质期的库存材料应定期检查，防止过期，并做好标识。

（5）易损坏的材料应保护好外包装，防止损坏。

4. 材料的发放和领用

材料领发标志着料具从生产储备转入生产消耗，必须严格执行领发手续，明确领发责任。控制材料的领发，监督材料的耗用，是实现工程节约，防止超耗的重要保证。

凡有定额的工程用料，都应凭定额领料单实行限额领料。限额领料是指在施工阶段对施工人员所使用物资的消耗量控制在一定的范围内，是企业内部开展定额供应，提高材料的使用效果和企业经济效益，降低材料成本的基础和手段。超限额的用料，用料前应办理手续，填写超限额领料单，注明超耗原因，经项目经理部材料管理人员审批后实施。

材料的领发应建立领发料台账，记录领发状况和节超状况，分析、查找用料节超原因，总结经验，吸取教训，不断提高管理水平。

5. 材料的使用监督

对材料的使用进行监督是为了保证材料在使用过程中能合理地消耗，充分发挥其最大效用。监督的内容包括：是否认真执行领发手续，是否严格执行配合比，是否按材料计划合理用料，是否做到随领随用、工完料净、工完料退、场退地清，谁用谁清，是否按规定进行用料交底和工序交接，是否做到按平面图堆料，是否按要求保护材料等。检查是监督的手段，检查要做好记录，对存在的问题应及时分析处理。

四、建筑工程项目机械设备管理

随着工程施工机械化程度的不断提高，机械设备在施工生产中发挥着不可替代的决定性作用。施工机械设备的先进程度及数量，是施工企业的主要生产力，是保持企业在市场经济中稳定协调发展的重要物质基础。加强建筑工程项目机械设备的管理，对于充分发挥机械设备的潜力、降低工程成本、提高经济效益起着决定性的作用。

(一) 建筑工程项目机械设备管理的内容

机械设备管理的具体工作内容包括：机械设备的选择及配套、维修和保养、检查和修理、制定管理制度、提高操作人员的技术水平、有计划地做好机械设备的改造和更新。

(二) 建筑工程项目机械设备的来源

建筑工程项目所需用的机械设备通常由以下方式获得。

1. 企业自有

建筑企业根据自身的性质、任务类型、施工工艺特点和技术发展趋势购置部分常年大量使用的机械设备，达到较高的机械利用率和经济效果。项目经理部可调配或租赁企业自有的机械设备。

2. 租赁方式

对于某些大型、专用的特殊机械设备，建筑企业不适宜自行装备时，可以租赁方式获得使用。租用施工机械设备时，必须注意核实以下内容：出租企业的营业执照、租赁资质、机械设备安装资质、安全使用许可证、设备安全技术定期检定证明、机械操作人员的作业证等。

3. 机械施工承包

某些操作复杂、工程量较大或要求人与机械密切配合的工程，如大型土方、大型网架安装、高层钢结构吊装等，可由专业机械化施工公司承包。

4. 企业新购

根据施工情况需要自行购买的施工机械设备、大型机械及特殊设备，应充分调研，制定可行性研究报告，上报企业管理层和专业管理部门审批。

施工中所需的机械设备具体采用哪种方式获得，应通过技术经济分析确定。

（三）建筑工程项目机械设备的合理使用

要使施工机械正常运转，在使用过程中经常保持完好的技术状况，就要尽量避免机件的过早磨损及消除可能产生的事故，延长机械的使用寿命，提高机械的生产效率。合理使用机械设备必须做好以下工作。

1. 人机固定

实行机械使用、保养责任制，指定专人使用、保养，实行专人专机，以便操作人员更好地熟悉机械性能和运转情况，更好地操作设备。非本机人员严禁上机操作。

2. 实行操作证制度

对所有机械操作人员及修理人员都要进行上岗培训，建立培训档案，让他们既能掌握实际操作技术，又懂得基本的机械理论知识和机械构造，经考核合格后持证上岗。

3. 遵守合理的使用规定

严格遵守合理的使用规定，防止机件早期磨损，延长机械使用寿命和修理周期。

4. 实行单机或机组核算

将机械设备的维护、机械成本与机车利润挂钩进行考核，根据考核成绩实行奖惩，这是提高机械设备管理水平的重要举措。

5. 合理组织机械设备施工

加强维修管理，提高单机效率和机械设备的完好率，合理组织机械调配，搞好施工计划工作。

6. 做好机械设备的综合利用

施工现场使用的机械设备尽量做到一机多用，充分利用台班时间，提高机械设备的利用率。如垂直运输机械，也可在回转范围内做水平运输、装卸等。

7. 机械设备安全作业

在机械作业前项目经理部应向操作人员进行安全操作交底，使操作人员清楚地了解施工要求、场地环境、气候等安全生产要素。项目经理部应按机械设备的安全操作规程安排工作和进行指挥，不得要求操作人员违章作业，也不得强令机械设备带病操作，更不得指挥和允许操作人员野蛮施工。

8. 为机械设备的施工创造良好条件

现场环境、施工平面布置应满足机械设备作业要求，道路交通应畅通、无障碍，夜间施工要安排好照明。

(四) 建筑工程项目机械设备的保养与维修

为保证机械设备经常处于良好的技术状态，必须强化对机械设备的维护保养工作。机械设备的保养与维修应贯彻"养修并重、预防为主"的原则，做到定期保养，强制进行，正确处理使用、保养和修理的关系，不允许只用不养，只修不养。

1. 机械设备的保养

机械设备的保养坚持推广以"清洁、润滑、调整、紧固、防腐"为主要内容的"十字"作业法，实行例行保养和定期保养制，严格按使用说明书规定的周期及检查保养项目进行。

(1) 例行 (日常) 保养

例行保养属于正常使用管理工作，不占用机械设备的运转时间，例行保养是在机械运行前后及过程中进行的清洁和检查，主要检查要害、易损零部件 (如机械安全装置) 的情况、冷却液、润滑剂、燃油量、仪表指示等。例行保养由操作人员自行完成，并认真填写机械例行保养记录。

(2) 强制保养

所谓强制保养，是按一定的周期和内容分级进行，需占用机械设备运转时间而停工进行的保养。机械设备运转到了规定的时限，不管其技术状态好坏、任务轻重，都必须按照规定作业范围和要求进行检查和维护保养，不得借故拖延。

企业要开展现代化管理教育，使各级领导和广大设备使用工作者认识到：机械设备的完好率和使用寿命，在很大程度上取决于保养工作的好坏。如忽视机械技术保养，只顾眼前的需要和便利，直到机械设备不能运转时才停用，则必然导致设备的早期磨损、寿命缩短，各种材料消耗增加，甚至危及安全生产。不按照规定保养设备是粗野的使用、愚昧的管理，与现代化企业的科学管理是背道而驰的。

2. 机械设备的维修

机械设备的维修是对机械设备的自然损耗进行修复，排除机械运行的故障，对损坏的零部件进行更换、修复。对机械设备的维修可以保证机械设备的使用效率，延长使用寿命。机械设备修理分为大修理、中修理和小修理。

（1）大修理

大修理是对机械设备进行全面的解体检查修理，保证各零部件质量和配合要求，使其达到良好的技术状态，恢复可靠性和精度等工作性能，以延长机械的使用寿命。

（2）中修理

中修理是更换与修复设备的主要零部件和数量较多的其他磨损件，并校正机械设备的基准，恢复设备的精度、性能和效率，以延长机械设备的大修间隔。

（3）小修理

小修理一般指临时安排的修理，目的是消除操作人员无力排除的突然故障、个别零件损坏或一般事故性损坏等问题，一般都和保养相结合，不列入修理计划。而大修、中修需列入修理计划，并按计划的预检修制度执行。

第二节　建筑工程项目成本管理

一、工程项目成本管理

随着建筑市场的逐步成熟和规范，市场竞争日趋激烈，建筑施工企业要在市场竞争中求生存、谋发展，获得效益的最大化，实现企业又好又快地发展，确立成本领先战略，强化项目成本管理，实现成本管理效益化显得尤为迫切和重要。建筑工程成本是指在生产建筑产品过程中发生或实际发生的工、料、费投入，它反映企业劳动生产率的高低及材料的节约程度、机械设备的利用情况，以及施工组织、劳动组织、管理水平等施工经营管理活动的全部情况。所以，工程成本指标能反映施工企业的经营活动成果，是评定企业工作质量的一个综合指标。能够及早发现施工现场活动的成本超支或有可能超支，以便有机会采取补救措施，尽量消除超支带来的影响或将影响降至最低，对工程项目管理至关重要。

（一）奉行成本管理理念，从体制上确保成本管理实施

建筑企业工程项目部作为工程管理的基本组织，不仅是企业施工生产一线的指挥中枢，开拓市场的一线阵地，也是经济效益的第一源头。目前建筑施工项目一般都是由项目经理承包或实行经济责任内部考核，这就容易造成利益与风险不对等，权利与义务不对称。有的项目经理权力很大，风险却很小，项目的盈亏在很大程度

上依赖于项目经理的个人素质，素质较低的项目经理往往对各项成本不重视，忽视了成本管理的重要性，对管理不精细，甚至出现"黑洞"，造成包盈不包亏的结果；而项目职工由于未认识到成本管理与自己的切身利益息息相关，表现出对实行成本管理漠不关心，使项目利润目标大打折扣。因此，项目实行成本管理要从体制上去思考，去入手。实行激励机制，提高员工参与成本管理的积极性。一方面，对每一个班组、每个岗位都应设定成本管理目标，对完成目标任务及成绩突出的单位、职工，通过考核兑现公开奖励，让他们劳有所得，激励全员积极参与到成本管理活动中；另一方面，要充分调动发挥农民工参与成本管理活动的积极性，把他们纳入成本管理的范畴，推动成本管理富有实效地开展。建立约束全员参与成本管理的刚性约束机制，做到事前预测、事中控制、事后考核有机结合，对事中控制不力、事后考核也完成不了考核目标的，实行责任追究、降职或调离，将成本管理与经营者、劳动者的切身利益紧密挂钩。工程项目实行成本管理要结合项目并从实际出发，从建立科学可行的保证体制入手，重点完善企业成本管理体系，以人为本建立法人、项目经理部、作业层三级成本管理体系，并正确处理好三级之间的关系。在这个体系中，法人是经营决策、成本、利润、资金控制中心；项目经理部是工期保证、质量创优、成本核算、资金回笼中心；作业层是施工生产、现场管理、队伍管理中心。使三者共同构成以完成合同承诺，实现生产经营，获取效益为目标的成本管理责任体系。

（二）加强成本控制，实行全方位管理

注重管理创新。要根据施工现场的实际情况，科学规划、精心安排，充分发挥自身技术优势，优化施工方案，开展技术创新，减少施工过程中一些不必要的程序和环节，最大限度地利用现有资源，以达到缩短工期，降低成本的目的。注重工程投标成本管理。要按照公司项目预算计划、预算指标，实行工程投标成本管理，使项目部在投标过程中按既定的预算方案行事，对标书费、差旅费、咨询费、办公费、招待费等费用精打细算，达到既提高中标率又节约投标费用开支的目的。同时，为提高中标率，还应根据实际情况，对参标工程通过实地或函证的方式进行了解、分析，以把握投标，从而达到降本增效的目的。注重材料管理。材料是工程成本直接费用的主要组成部分，通常占工程成本的60%~70%，加强材料管理是成本控制的重要环节，其控制体现在两个方面：一是材料价格的控制，二是材料用量的控制。

第一，公司管理层、项目部应当密切关注市场价格的变化趋势，在准确预测价格低迷的基础上多备料，甚至可以采用银行信用方式进行备料。

第二，把好材料验收关，材料进场后，要严格把好验收关，按规定进行检验，与样品进行比对，核查数量与品种规格，并做好验收记录。

第三，严控材料用量，材料用量的控制可以从以下几方面着手：实行限额领料制，施工班组领料要严格按照工程进度、材料需用量计划，经施工员签发的领料单实行限额（限量）领料，杜绝大材小用，优材劣用现象；在发料时，仓库保管员要认真做好台账记录，制定月报表；合理布置材料仓库和加工操作间，正确确定各种材料的进场时间及堆放地点、数量，减少或避免二次搬运的费用及损耗；加强现场材料的回收和退料，施工领用材料，根据预算限额领用，损耗率控制在一定额度内，责任到班组甚至个人，超损耗者从工资中扣除，建立严格的考核制度和目标责任。

（三）建立成本责任体系，实行有效考核

工程项目在实行成本管理中，企业要对项目部进行考核，不仅要考核工程进度、质量、安全及工程利润，还要重视工程资金流入量的考核，杜绝看似当年账面效益较好，但由于工程款结算滞后而增加财务费用，或工程质保期内出现质量问题增加维修费用，工程款无法收回形成坏账损失等因素，最终导致企业资金流出，项目利润大打折扣等现象的发生，做到对项目部进行财务核算时，对每个项目部建立资金流入备查账，做到对每个项目部自始至终进行全过程、全方位考核，把成本控制目标落实到位。

二、工程项目成本计划与控制

项目成本管理是在保证满足工程质量、工期等合同要求的前提下，对项目实施过程中所产生的费用，通过计划、组织、控制和协调等活动实现预定的成本目标，并尽可能地降低成本费用的一种科学的管理活动，它主要通过技术（如施工方案的制订比选）、经济（如核算）和管理（如施工组织管理、各项规章制度等）活动达到预定目标，实现盈利的目的。成本是项目施工过程中各种耗费的总和。成本管理的内容很广泛，贯穿于项目管理活动的全过程和每个方面，从项目中标签约开始到施工准备、现场施工，直至竣工验收，每个环节都离不开成本管理工作，就成本管理的完整工作过程来说，其内容一般包括：成本预测、成本控制、成本核算、成本分析和成本考核等。

（一）搞好成本预测、确定成本控制目标

成本预测是成本计划的基础，为编制科学、合理的成本控制目标提供依据。因此，成本预测对提高成本计划的科学性、降低成本和提高经济效益，具有重要的作用。加强成本控制，首先要抓成本预测。成本预测的内容主要是用科学的方法，结合中标价，根据各项目的施工条件、机械设备、人员素质等对项目的成本目标进行预测，及工、料、费预测。

(二) 施工方案引起费用变化的预测

工程项目中标后，必须结合施工现场的实际情况制定技术上先进可行和经济合理的实施性施工组织设计，结合项目所在地的经济、自然地理条件、施工工艺、设备选择、工期安排的实际情况，比较实施性施工组织所采用的施工方法与标书编制时的不同，或与定额中施工方法的不同，以据实做出正确的预测。辅助工程量是指工程量清单或设计图纸中没有给定，而又是施工过程中不可缺少的，如混凝土拌和站、隧道施工中的三管两线、高压进洞等，也需根据实施性施工组织做好具体实际的预测。大型临时工作费的预测应详细地调查，充分地比选论证，从而确定合理的目标值。小型临时设施费、工地转移费的预测。小型临时设施费的内容包括：临时设施的搭设，需根据工期的长短和拟投入的人员、设备的多少来确定临时设施的规模和标准，按实际发生并参考以往工程施工中包干控制的历史数据确定目标值。工地转移费应根据转移距离的远近和拟转移人员、设备的多少核定预测目标值。项目成本目标的风险分析，就是对在本项目中实施可能影响目标实现的因素进行事前分析，通常可以从以下几方面进行分析。

(1) 对工程项目技术特征的认识，如结构特征、地质特征等。

(2) 对业主单位有关情况的分析，包括业主单位的信用、资金到位情况、组织协调能力等。

(3) 对项目组织系统内部的分析，包括施工组织设计、资源配备、队伍素质等方面。

(4) 对项目所在地的交通、能源、电力的分析。

(5) 对气候的分析。

总之，通过对上述几种主要费用的预测，既可确定工、料、机及间接费用的控制标准，也可确定必须在多长工期内完成该项目，才能完成管理费用的目标控制。所以说，成本预测是成本控制的基础。围绕成本目标，确立成本控制原则，施工项目成本控制就是在实施过程中对资源的投入、施工过程及成果进行监督、检查和衡量，并采取措施确保项目成本目标的实现。成本控制的对象是工程项目，其主体则是人的管理活动，目的是合理使用人力、物力、财力，降低成本，增加效益。

（三）成本控制的一般原则

1. 节约原则

节约就是项目施工中人力、物力和财力的节省，是成本控制的基本原则。节约绝对不是消极的限制与监督，而是积极创造条件，要着眼于成本的事前监督、过程控制，在实施过程中经常检查是否出偏差，以优化施工方案，从提高项目的科学管理水平入手来做到节约。

2. 全面控制原则

全面控制原则包括两个含义，即全员控制和全过程控制。成本控制涉及项目组织中的所有部门、班组和员工的工作，并与每个员工的切身利益有关，因此应充分调动每个部门、班组和每个员工控制成本、关心成本的积极性，真正树立全员控制的观念，如果认为成本控制仅是负责预、结算及财务方面的事就片面了。项目成本的发生涉及项目的整个周期、项目成本形成的全过程，从施工准备开始，经施工过程至竣工移交后的保修期结束。因此，成本控制工作要伴随项目施工的每一阶段，如在施工准备阶段制订最佳的施工方案，按照设计要求和施工规范施工，充分利用现有的资源，减少施工成本支出，并确保工程质量，减少工程返工费和工程移交后的保修费用。工程验收移交阶段，要及时追加合同价款办理工程结算，使工程成本自始至终处于有效控制之下。目标管理是管理活动的基本技术和方法，它是把计划的方针、任务、目标和措施等加以逐一分解落实。在实施目标管理的过程中，目标的设定应切实可行，越具体越好，要落实到部门、班组甚至个人；目标的责任要全面，既要有工作责任，更要有成本责任；做到责、权、利相结合，对责任部门（人）的业绩进行检查和考评，并同其工资、奖金挂钩，做到奖罚分明。成本控制是在不断变化的环境下进行的管理活动，所以必须坚持动态控制的原则，所谓动态控制就是将工、料、机投入施工过程中，收集成本发生的实际值，将其与目标值相比较，检查有无偏离，若无偏差，则继续进行，否则要找出具体原因，采取相应措施。实施成本控制过程应遵循"例外"的管理方法，所谓"例外"是指在工程项目建设活动中那些不经常出现的问题，但关键性问题对成本目标的顺利完成影响重大，也必须予以高度重视。

（四）在项目实施过程中的"例外"情况

1. 重要性

一般是从金额上看有重要意义的差异，才称作"例外"，成本差额的确定，应根据项目的具体情况确定差异占原标准的百分率。差异分有利差异和不利差异。实际成本支出低于标准成本过多也不见得是一件好事，它可能造成两种情况：一种是给后续的分部分项工程或作业带来不利影响；另一种是造成质量差，除可能带来返工和增加保修费用外，质量成本控制有可能不达标，甚至还会影响企业声誉。

2. 一贯性

尽管有些成本差异未超过规定的百分率或最低金额，但一直在控制线的上下限附近徘徊，亦应视为"例外"，意味着原来的成本预测可能不准确，要及时根据实际情况进行调整。

3. 控制能力

有些是项目管理人员无法控制的成本项目，即使发生重大的差异，也应视为"例外"，如征地、拆迁、临时租用费用的上升等。

4. 特殊性

凡对项目施工全过程具有影响的成本项目，即使差异没有达到重要性的地位，也应受到成本管理人员的密切注意。如机械维修费的片面强调节约，在短期内虽可再降低成本，但因维修不足可能造成未来的停工修理，从而影响施工生产的顺利进行。

(五) 建筑施工成本控制

降低项目成本的方法有多种，概括起来可以从组织、技术、经济、合同管理等几个方面采取措施控制。采取组织措施控制工程成本，首先要明确项目经理部的机构设置与人员配备，明确项目经理部、公司或施工队之间职权关系的划分。项目经理部是作业管理班子，是企业法人指定项目经理做他的代表人管理项目的工作班子，项目建成后即行解体，所以它不是经济实体，应对整体利益负责，同理，应协调好公司与公司之间的责、权、利的关系。其次要明确成本控制者及任务，从而使成本控制有人负责，避免成本大了、费用超了、项目亏了责任却不明的问题。采取技术措施控制工程成本。采取技术措施是在施工阶段充分发挥技术人员的主观能动性，对标书中的主要技术方案做必要的技术经济论证，以寻求较为经济可靠的方案，从而降低工程成本，包括采用新材料、新技术、新工艺节约能耗，提高机械化操作等。采取经济措施控制工程成本包括以下几个方面。

1. 人工费控制

人工费占全部工程费用的比例较大，一般在10%左右，所以要严格控制人工费。要从用工数量上控制，有针对性地减少或缩短某些工序的工日消耗量，从而达到降低工日消耗、控制工程成本的目的。

2. 材料费控制

材料费一般占全部工程费的 65%~75%，直接影响工程成本和经济效益。一般做法是按量、价分离的原则，主要做好两个方面的工作。一是对材料用量的控制，首先是坚持按定额确定材料消耗量，实行限额领料制度；其次是改进施工技术，推广使用降低料耗的各种新技术、新工艺、新材料；最后就是对工程进行功能分析，对材料进行性能分析，力求用低价材料代替高价材料，加强周转料管理，延长周转次数等。二是对材料价格进行控制，主要是由采购部门在采购中加以控制。首先对市场行情进行调查，在保质保量的前提下，货比三家，择优购料；其次是合理组织运输，就近购料，选用最经济的运输方式，以降低运输成本；最后就是要考虑资金的时间价值，减少资金占用，合理确定进货批量与批次，尽可能降低材料储备。

3. 机械费控制

尽量减少施工中所消耗的机械台班量，通过全面施工组织、机械调配，提高机械设备的利用率和完好率，同时，加强现场设备的维修、保养工作，降低大修、经常性修理等各项费用的开支，避免不正当使用造成机械设备的闲置；加强租赁设备计划的管理，充分利用社会闲置机械资源，从不同角度降低机械台班价格。从经济的角度管制工程成本还包括对参与成本控制的部门和个人给予奖励的措施。加强质量管理，控制返工率。在施工过程中，要严把工程质量关，始终贯彻"至精、至诚、更优、更新"的质量方针，各级质量自检人员定点、定岗、定责，加强施工工序的质量自检和管理工作，真正贯彻到整个过程中，采取防范措施，消除工程质量通病，做到工程一次成型，一次合格，杜绝返工，避免造成因不必要的人、财、物等大量的投入而加大工程成本。加强合同管理，控制工程成本。合同管理是施工企业管理的重要内容，也是降低工程成本、提高经济效益的有效途径。项目施工合同管理的时间范围应从合同谈判开始，至保修日结束止，尤其应加强施工过程中的合同管理，抓好合同管理的攻与守，攻意味着在合同执行期间密切注意我方履行合同的进展效果，以防止被对方索赔。合同管理者的任务是非曲直天天念合同经，在字里行间攻的机会与守的措施。总之，成本预测为成本确立行为目标，成本控制才有针对性，不进行成本控制，成本预测也就失去了存在的意义，也就无从谈成本管理了，两者相辅相成。所以，应从理论上深入研究，实践上全面展开，扎实有效地把这些工作开展好。

(六) 成本控制的具体实施

确定成本控制目标，建立健全成本责任制，完善企业立法。成本通常分为可变成本和固定成本两大类。可变成本是与生产过程直接相关的成本，在建筑行业中，它是劳动力、机械、材料的直接成本以及现场间接成本之和，这些成本可变是因为它们是所进行的工程量的函数。固定成本是指一般管理成本，它的发生与所进行的工程量无关，而是保持一个较稳定的比例。根据每个工程项目招投标的具体情况，确立成本控制目标。把目标建立在项目上，使成本控制目标更具现实性和可操作性。落实目标成本的责任并使目标成本有效控制的关键是明确承包人的责、权、利，企业在与项目经理签订经济承包合同时，必须确立目标成本和责任，落实承包人的责任和权利。要建立完整的目标成本控制体系，完善企业经营、施工技术、质量、安全、材料、定额、核算、财务等各项管理制度和有关实施考核细则。

抓住各个环节控制，疏而不漏，全面实现目标控制。把握工程特点，优化施工组织设计，企业经营要从投标报价、中标成交条件、合同成交约定等承接工程和承建工程的源头抓起。根据工程的性质、规模和工艺特点，结合企业现有的施工能力、技术水平、工艺装备、可能规范内最大限度地更新提高功能等实际情况，修改并完善投标前的施工组织设计，选用经济、合理、较为科学的施工方案，合理安排施工全过程，强化施工现场管理，组织流水作业，尽可能缩短施工工期，减少成本支出，把握成本控制目标。

坚持计划指导生产，强化定额控制。按照科学合理的施工方案和计划，组织施工和合理安排，根据具体施工安排和定额量，编制劳动力、材料、设备、机具等使用计划和资金使用计划，使人、财、物的投入在定额范围内按计划满足施工需要，避免工程成本出现人为失控。积极采用先进工艺和技术，降低成本。

在施工前务必制定切实可行的技术节约措施，对将在施工中采用的新工艺、新材料、新设备以及各种代用品均做好事前周密策划，并进行反复实践验证，一经确定的施工工艺和技术方案必须坚决贯彻执行，不仅要认真地进行技术交底，更要严格把关检查，保证安全可靠地顺利实施，促使工程成本降低。加强人工费管理，做好人工成本的有效控制。施工操作人员要择优筛选技术好、素质高、工作稳定、作风顽强的成建制的劳务队伍，实行动态管理。合理安排好施工作业面，提高定额水平和全员劳动生产力，严格按定额任务考核计量和结算，实行多劳多得。

在施工中，要做好工种之间、工序之间的衔接，提高劳动生产率，降低工资费用。建筑企业是劳动密集型行业，劳动生产率的提高意味着单位工程的用工减少，单位时间内完成的工程数量增加，这样不仅能减少成本中的人工费，而且能相应地降低其他费用。加强材料费管理，做好材料成本的有效控制。材料在工程建设成本中占的比例最大，节约材料费用，对降低成本有着十分重要的作用。材料管理要从原材料的采购、供应等源头抓起，严格把好质量、定价、选购、验收入库、出库使用、限额领用、余料回收、材料消耗、盘点核算等关键环节。凡工程中发生的一切经济行为和业务都要纳入成本控制的轨道，在工程项目成本形成的过程中，对所要耗用的工、料、费按成本目标进行支出和有效监控，预防和纠正随时产生的偏差，避免材料超期储存积压，切实把实际发生的成本控制在规定的范围内。取得建筑工程合同之后，承包商应立即开始准备工程有关部分的分包和材料订购单。承包商和分包商之间签订的分包协议是其针对工程某一部分的权利和义务关系，协议内容要尽可能严谨，减少索赔的发生。订购单是承包商和分包商之间的订购合同，其描述了要供应的材料名称、种类、数量和订购单的总金额。

加强机械费、临时费、管理费等的管理，做好各项费用成本的有效控制。严格控制非生产性开支，杜绝浪费，按用款计划认真核算，控制范围，严格审批。机械费用应按合理测算指标分比例承包，实行机械设备租赁制，严格设备租赁管理和奖赔制度，加大设备使用率，提高设备完好率。提高机械设备利用率，降低设备使用费。一是要建立健全机械设备维修保养制度，做好机械设备的维修和保养，严格执行合理的操作规程，按时检查机械设备的使用、保养记录，使其处于良好的工作状态，防止带病运行。二是要开展技术革新和技术革命，不断改进机械设备，充分发挥机械设备的作用。三是要加强机械设备的计划性，做好机械设备平衡调度工作，选择与施工对象相适应的机械设备，充分有效地利用各种机械设备及大型施工机械。四是要加强操作人员的培训工作，不断提高机械操作人员的技术职能，坚持持证上岗制度，提高机械设备的台班产量。

加强质量安全管理，杜绝事故和损失，严格按照标准和安全生产操作规程组织施工，执行自检、互检、交检制度。做好已完工程的成品保护和安全生产的各项工作，加强检查和监督，及时发现和解决事故隐患问题，减少因工程返工和修补造成的损失，防止因质量事故而造成的重大损失。为此，施工企业应不断提高操作工人的技术水平，改进施工工艺和操作方法，严格执行工程质量检查验收制度。同时，必须做到按设计图纸施工，防止出现因混凝土捣厚、基础挖深、垫层加厚等造成不必要的人力物力浪费。抓好关键管理，工作重点突出。每个工程项目的施工，都要突出强化施工现场管理这个重点，将文明施工贯穿施工全过程，加强档案资料管理等基础管理工作，把每个员工的工作意志和行为规范始终统一地约束到企业管理的各项制度中来，以优质、快速、安全、低损耗的产品和高效的成本控制措施等企业形象，力争工程提前竣工验收，并按合同约定及时进行竣工结算和财务结算，做到工完、场清、料净，以确保工程款按时回笼，防止成本流失。

(七) 建立工程项目成本控制系统

第一步，成本账目图表的作用是用于估计项目支出的基本原则，根据这一原则确定与公司的一般账目和会计职能的联系及与其他财务账目的协调一致。第二步，项目成本计划是运用成本账目来比较项目的成本计划和现场发生的实际计划。第三步，成本数据采集是将采集到的成本数据集成到成本报表系统中。第四步，项目成本报表就是确定在项目的成本管理中项目成本报表的类型。第五步，成本工程是使成本目标最小化应采取的成本过程类型。

　　总之，加强施工项目成本控制，将是建筑企业进入成本竞争时代的利器，也是企业推进成本发展战略的基础。在我国加入 WTO，建筑业面临国际竞争的背景下，加强建筑企业的成本控制更显示出其重要性。为此，展开项目成本控制的管理工作，将为建筑企业的发展提供有益的帮助。

第四章　土方工程

第一节　土方工程概述

土方工程是建筑工程施工的首项工程，主要包括土的开挖、运输和填筑等施工，有时还要进行排水、降水和土壁支护等准备与辅助工作。土方工程具有量大面广、劳动繁重和施工条件复杂等特点，受气候、水文、地质、地下障碍等因素影响较大，不确定因素较多，存在较大的危险性。因此，在施工前必须做好调查研究，选用合理的施工方案，采用先进的施工方法和机械施工，以保证工程的质量和安全。

一、土方工程的施工内容及特点

(一) 土方工程的施工内容

常见的土方工程施工包括平整场地、挖基槽、挖基坑、挖土方、回填土等。

1. 平整场地

平整场地是指工程破土开工前对施工现场厚度 300mm 以内地面的挖填和找平。

2. 挖基槽

挖基槽是指挖土宽度在 3m 以内且长度大于宽度 3 倍时设计室外地坪以下的挖土。

3. 挖基坑

挖基坑是指挖土底面积在 20m² 以内且长度小于或等于宽度 3 倍时设计室外地坪以下挖土。

4. 挖土方

凡是不满足上述平整场地、基槽、基坑条件的土方开挖，均为挖土方。

5. 回填土

回填土可分为夯填和松填。基础回填土和室内回填土通常都采用夯填。

（二）土方工程的施工特点

1. 土方量大、劳动繁重、工期长

为了减轻土方施工繁重的劳动、提高劳动生产率、缩短工期、降低工程成本，在组织土方工程施工时，应尽可能采用机械化施工的方法。

2. 施工条件复杂

土方施工一般为露天作业，受地区、气候、水文地质条件的影响大，同时，受周围环境条件的制约也很多。因此，在组织土方施工前，必须根据施工现场的具体施工条件、工期和质量要求，拟订切实可行的土方工程施工方案。

二、土的性质

土一般由土颗粒（固相）、水（液相）和空气（气相）三部分组成，这三部分之间的比例关系随着周围条件的变化而变化。三者之间比例不同，反映出土的物理状态也不同，如干燥、稍湿或很湿，密实、稍密或松散。这些是最基本的物理性质指标，对评价土的工程性质，进行土的工程分类具有重要的意义。

土的三相物质是混合分布的，为阐述方便，一般用土的三相图表示，如图4-1所示。三相图中将土颗粒、水、空气各自划分开来。

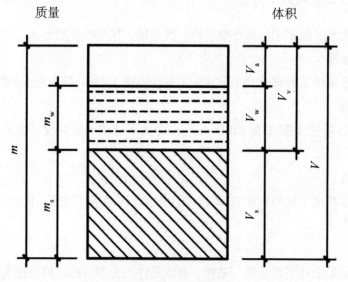

图4-1　土的三相

图中符号的意义：m——土的总质量（$m = m_s + m_w$）（kg）；

m_s——土中固体颗粒的质量（kg）；

m_w——土中水的质量（kg）；

V ——土的总体积（$V = V_s + V_w + V_a$）（m^3）；

V_a ——土中空气体积（m^3）；

V_s ——土中固体颗粒体积（m^3）；

V_w ——土中水所占的体积（m^3）；

V_v ——土中孔隙体积（$V_v = V_a + V_w$）（m^3）。

（一）土的天然密度和干密度

土在天然状态下单位体积的质量，称为土的天然密度。土的天然密度用 ρ 表示，计算公式为：

$$\rho = m / V \tag{4-1}$$

式中 m ——土的总质量（kg）；

V ——土的总体积（m^3）。

单位体积中土的固体颗粒的质量称为土的干密度，土的干密度用 ρ_d 表示，计算公式为：

$$\rho_d = m_s / V \tag{4-2}$$

式中 m_s ——土中固体颗粒的质量（kg）；

V ——土的总体积（m^3）。

（二）土的天然含水率

土的含水率是土中水的质量与固体颗粒质量之比的百分率，即：

$$w = \frac{m_w}{m_s} \times 100\,\% \tag{4-3}$$

式中 w ——土的含水率；

m_w ——土中水的质量（kg）；

m_s ——土中固体颗粒的质量（kg）。

（三）土的孔隙比和孔隙率

孔隙比和孔隙率反映了土的密实程度，孔隙比和孔隙率越小，土越密实。孔隙比 e 是土中孔隙体积 V_v 与固体颗粒体积 V_s 的比值，可表示为：

$$e = \frac{V_v}{V_s} \tag{4-4}$$

式中 V_v ——土中孔隙体积（m^3）；

V_s——土中固体颗粒体积（m³）。

孔隙率 n 是土中孔隙体积与总体积 V 的比值，用百分率表示，可表示为：

$$n = \frac{V_v}{V} \times 100\%$$ (4-5)

式中 V——土的总体积（m³）。

对于同一类土，孔隙率 e 越大，孔隙体积就越大，从而使土的压缩性和透水性都增大，土的强度降低。故工程上也常用孔隙比来判断土的密实程度和工程性质。

（四）土的可松性

土具有可松性，即自然状态下的土经开挖后，其体积因松散而增大，以后虽经回填压实，仍不能恢复其原来的体积。土的可松性系数可表示为：

$$K_s = \frac{V_{松散}}{V_{原状}}$$ (4-6)

$$K_s' = \frac{V_{压实}}{V_{松散}}$$ (4-7)

式中 K_s——土的最初可松性系数；

K_s'——土的最终可松性系数；

$V_{原状}$——土在天然状态下的体积（m^3）；

$V_{松散}$——土挖出后在松散状态下的体积（m^3）；

$V_{压实}$——土经回填压（夯）实后的体积（m^3）。

土的可松性对确定场地设计标高、土方量的平衡调配、计算运土机具的数量和弃土坑的容积，以及计算填方所需的挖方体积等均有很大影响。

第二节　土方工程量的计算与调配

土方工程开工前，需要先计算出土方工程量，以便拟订施工方案，配备人力和物力，安排施工计划，控制施工进度，预算工程费用。

工程中需要挖掘或填筑的土方几何形状与大小，随工程种类、要求与地形不同而不同。对于不规则的土方几何体积，一般是先将其划分成若干较规则的形状，然后逐一计算，再求其总和，基本可以满足所需的计算精度。

一、基坑 (槽) 土方量计算

(一) 边坡坡度和边坡系数

边坡坡度以土方挖土深度 h 与边坡底宽度 b 之比来表示 (图 4-2), 即:

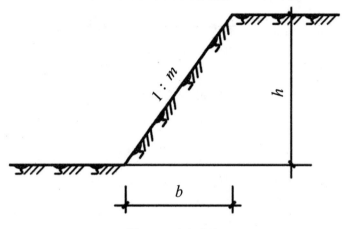

图 4-2　土方边坡

边坡坡度以土方挖土深度 h 与边坡底宽度 b 之比来表示 (图 4-2), 即:

$$土方边坡坡度 = \frac{h}{b} = 1:m \tag{4-8}$$

边坡系数以土方边坡底宽度 b 与挖土深度 h 之比来表示, 用 m 表示, 即土方边坡系数为:

$$m = \frac{b}{h} \tag{4-9}$$

式中 h —— 土方边坡高度单位;

b —— 土方边坡底宽单位。

若边坡高度较高, 土方边坡可根据各层土体所受的压力, 其边坡可做成折线形或阶梯形, 以减少挖填土方量。土方边坡的大小主要与土质、开挖深度、开挖方法、边坡留置时间的长短、边坡附近的各种荷载状况及排水情况有关。

(二) 基槽土方量计算

基槽开挖时, 两边留有一定的工作面, 分放坡开挖和不放坡开挖两种情形, 如图 4-3 所示。

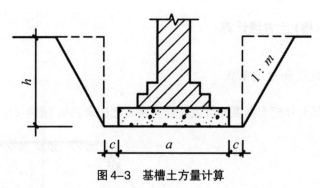

图 4-3 基槽土方量计算

当基槽不放坡时：

$$V = h(a + 2c)L \qquad (4\text{-}10)$$

当基槽放坡时：

$$V = h(a + 2c + mh)L \qquad (4\text{-}11)$$

式中 V——基槽土方量（m^3）；

a——基础底面宽度（m）；

h——基槽开挖深度（m）；

c——工作面宽（m）；

m——坡度系数；

L——基槽长度（外墙按中心线，内墙按净长线）（m）。

如果基槽沿长度方向断面变化较大，应分段计算，然后将各段土方量汇总，即得总土方量。

（三）基坑土方量计算

基坑开挖时，四边留有一定的工作面，分放坡开挖和不放坡开挖两种情况，如图 4-4 所示。

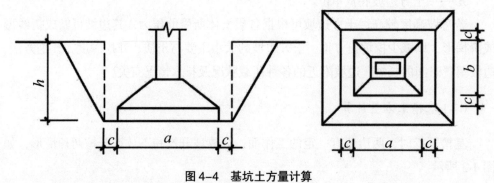

图 4-4 基坑土方量计算

当基坑不放坡时：

$$V = h(a + 2c)(b + 2c) \qquad\qquad (4\text{-}12)$$

当基坑放坡时：

$$V = h(a + 2c + mh)(b + 2c + mh) + m^2 h^3 \qquad (4\text{-}13)$$

式中 V —— 基坑土方量 (m^3)；

h —— 基坑开挖深度 (m)；

a —— 基础底长 (m)；

b —— 基础底宽 (m)；

c —— 工作面宽 (m)；

m —— 坡度系数。

二、场地平整土方工程量计算

场地平整就是将自然地面改造成人们所要求的平面。场地设计标高应满足规划、生产工艺及运输、排水及最高洪水水位等要求，并力求使场地内土方挖填平衡且土方量最小。建筑工程项目施工前需要确定场地设计平面，并平整场地。

(一) 场地设计标高的初步确定

小型场地平整如对场地标高无特殊要求，一般可以根据平整前后土方量相等的原则求得设计标高，但是这仅仅意味着把场地推平，使土方量和填方量相等、平衡，并不能从根本上保证土方量调配最小。

计算场地设计标高时，首先在场地的地形图上根据要求的精度划分边长为 $10 \sim 40m$ 的方格网，如图 4-5（a）所示，然后标出各方格角点的自然标高。各角点自然标高可根据地形图上相邻两等高线的标高，用插入法求得，当无地形图或场地地形起伏较大（用插入法误差较大）时，可在地面用木桩打好方格网，然后用仪器直接测出自然标高。

按照挖填方平衡的原则，如图 4-5（b）所示，场地设计标高即为各个方格平均标高的平均值，可按下式计算：

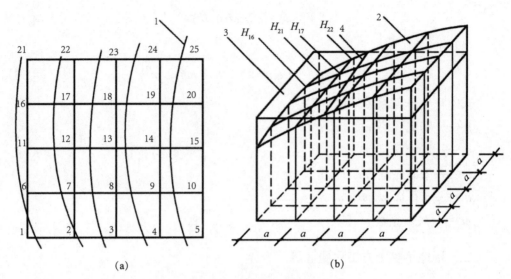

图4-5 场地设计标高计算

（a）地形图上划分方格网；（b）设计标高示意

1- 等高线；2- 自然地面；3- 设计标高平面；4- 零线

$$H_0 \cdot M \cdot a^2 = \sum \left(a^2 \cdot \frac{H_{16} + H_{17} + H_{21} + H_{22}}{4} \right) \tag{4-14}$$

所以：

$$H_0 = \frac{\sum \left(H_{16} + H_{17} + H_{21} + H_{22} \right)}{4M} \tag{4-15}$$

式中 H_0 —— 所计算场地的设计标高（m）；

a —— 方格边长（m）；

M —— 方格数；

H_{16}、H_{17}、H_{21}、H_{22} —— 任一方格的四个角点的标高（m）。

由于相邻方格具有公共的角点标高，在一个方格网中，某些角点是4个相邻方格的公共角点，其标高需加4次；某些角点是3个相邻方格的公共角点，其标高需加3次；而某些角点标高仅需加2次；又如方格网4角的角点标高仅需加1次，因此上式可改写成：

$$H_0 = \frac{\sum H_1 + 2\sum H_2 + 3\sum H_3 + 4\sum H_4}{4M} \tag{4-16}$$

式中 H_1 —— 1个方格仅有的角点标高（m）；

H_2 —— 2个方格共有的角点标高（m）；

H_3——3 个方格共有的角点标高（m）；

H_4——4 个方格共有的角点标高（m）。

（二）设计标高的调整

根据上述公式计算出的设计标高只是一个理论值，实际上还需要考虑以下因素进行调整。

（1）由于土壤具有可松性，即一定体积的土方开挖后体积会增大，为此需相应提高设计标高，以达到土方量的实际平衡。

（2）设计标高以上的各种填方工程（如场区上填筑路堤）会影响设计标高的降低，设计标高以下的各种挖方工程会影响设计标高的提高（如开挖河道、水池、基坑等）。

（3）根据经济比较的结果，将部分挖方就近弃于场外，或部分填方就近取于场外而引起挖、填土方量的变化后，需增、减设计标高。

（三）考虑泄水坡度对设计标高的影响

如果按照上式计算出的设计标高进行场地平整，那么整个场地表面将处于同一个水平面；但实际上由于排水要求，场地表面均有一定的泄水坡度。因此，还需根据场地泄水坡度的要求（单面泄水或双面泄水），计算出场地内各方格角点实际施工时所采用的设计标高。

（1）单向泄水时，场地各点设计标高的求法（见图 4-6）。在考虑场内挖填平衡的情况下，将上式计算出的设计标高作为场地中心线的标高，场地内任一点的设计标高为：

$$H_n = H_0 \pm Li \tag{4-17}$$

式中 H_n——任意一点的设计标高（m）；

L——该点至 H_0 的距离（m）；

i——场地泄水坡度，不小于 0.2%；

$\pm$——该点比 H_0 点高则取"+"，反之取"-"。

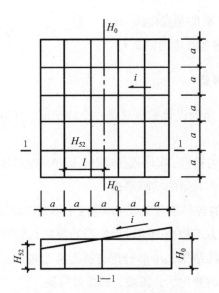

图 4-6 单向泄水坡度的场地

（2）双向泄水时，场地各点设计标高的求法（见图 4-7）。H_0 为场地中心点标高，场地内任意一点的设计标高为：

$$H_n = H_0 \pm l_x i_x \pm l_y i_y \qquad (4\text{-}18)$$

式中 l_x, l_y——该点于 $x-y$、$y-y$ 方向距场地中心线的距离；

i_x, i_y——该点于 $x-y$、$y-y$ 方向的泄水坡度。

式中，其余符号意义同前。

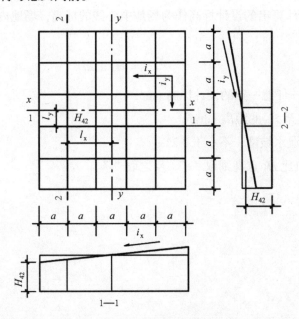

图 4-7 双向泄水坡度的场地

三、土方调配

（一）土方调配的原则

土方工程量计算完毕后，即可着手对土方进行平衡与调配。土方的平衡与调配是土方规划设计的一项重要内容，是对挖土的利用、堆弃和填土这三者之间的关系进行综合平衡处理，达到既能土方运输费用最低，又能方便施工的目的。土方调配的原则主要有以下几项。

（1）挖填方平衡和运输量最小，这样可以降低土方工程的成本。然而，仅限于场地范围的平衡，一般很难满足运输量最小的要求，因此，还需根据场地和其周围地形条件进行综合考虑，必要时可在填方区周围就近借土，或在挖方区周围就近弃土，而不是只局限于场地以内的挖填方平衡，这样才能做到经济合理。

（2）先期施工与后期利用相结合。当工程分期分批施工时，先期工程的土方余量应结合后期工程的需要而考虑其利用数量与堆放位置，以便就近调配。堆放位置的选择应为后期工程创造良好的工作面和施工条件，力求避免重复挖运。如先期工程有土方欠缺时，可在后期工程地点挖取。

（3）尽可能与大型地下建（构）筑物的施工相结合。当大型建（构）筑物位于填土区而其基坑开挖的土方量又较大时，为了避免土方的重复挖填和运输，该填土区暂时不予填土。待地下建（构）筑物施工之后再行填土，为此在填方保留区附近应有相应的挖方保留区，或将附近挖方工程的余土按需要合理堆放，以便就近调配。

（4）调配区大小的划分应满足主要土方施工机械工作面大小（如铲运机铲土长度）的要求，使土方机械和运输车辆的效率能得到充分发挥。

总之，进行土方调配，必须根据现场的具体情况、有关技术资料、工期要求、土方机械与施工方法，结合上述原则予以综合考虑，从而做出经济合理的调配方案。

（二）划分土方调配区

划分土方调配区应注意以下几点。

（1）调配区的划分应该与房屋和构筑物的平面位置相协调，并考虑它们的开工顺序、工程的分期施工顺序。

（2）调配区的大小应该满足土方施工用主导机械（铲运机、挖土机等）的技术要求，如调配区的范围应该大于或等于机械的铲土长度，调配区的面积最好和施工段的大小相适应。

（3）调配区的范围应该和土方的工程量计算用的方格网协调，通常由若干个方格组成一个调配区。

（4）当土方运距较远或场区范围内土方不平衡时，可考虑就近借土或就近弃土，这时一个借土区或一个弃土区都可作为一个独立的调配区。

（三）计算土方的平均运距

调配区的大小及位置确定后，便可计算各挖填调配区之间的平均运距。当用铲运机或推土机平土时，挖方调配区和填方调配区土方重心之间的距离，通常就是该挖填调配区之间的平均运距。因此，确定平均运距需先求出各个调配区土方的重心，并把重心标在相应的调配区图上，然后用比例尺量出每对调配区之间的平均运距即可。当挖填方调配区之间的距离较远，采用汽车、自行式铲运机或其他运土工具沿工地道路或规定线路运输时，其运距可按实际计算。

（四）进行土方调配

1. 做初始方案

用"最小元素法"求出初始调配方案。所谓"最小元素法"，即对运距最小（C_{ij} 对应）的 X_{ij}，优先并最大限度地供应土方量，如此依次分配，使 C_{ij} 最小的那些方格内的 X_{ij} 值尽可能取大值，直至土方量分配完为止。需注意的是，这只是优先考虑"最近调配"，所求得的总运输量是较小的，但这并不能保证总运输量最小，因此，需判别它是否为最优方案。

2. 判别最优方案

只有所有检验数 $\lambda_j \geqslant 0$，初始方案才为最优解。"表上作业法"中求检验数的方法有"闭回路法"与"位势法"。"位势法"较"闭回路法"简便，因此这里只介绍"位势法"求检验数。

检验时，首先将初始方案中有调配数方格的平均运距列出来，然后根据这些数字的方格，按下式求出两组位势数 $u_i (i = 1, 2, \cdots, m)$ 和 $v_j (j = 1, 2, \cdots, n)$：

$$C_{ij} = u_i + v_j \tag{4-19}$$

式中 C_{ij} ——本例中为平均运距（m）；

u_i, v_i ——位势数。

位势数求出后，便可根据下式计算各空格的检验数：

$$v_{ij} = C_{ij} - u_i - v_j \tag{4-20}$$

如果求得的检验数均为正数，则说明该方案是最优方案；反之，该方案就不是最优方案。

3. 方案调整

(1) 先在所有负检验数中挑选一个 (可选最小)。

(2) 找出这个数的闭合回路。做法如下：从这个数出发，沿水平或垂直方向前进，遇到适当的有数字的方格做 90° 转弯 (也可不转)，然后继续前进，直至回到出发点。

(3) 从回路中某一格出发，沿闭合回路 (方向任意) 一直前进，在各奇数项转角点的数字中，挑选出一个最小的，最后将它调到原方格中。

(4) 将被挑出方格中的数字视为 0，同时，将闭合回路其他奇数项转角上的数字都减去同样数字，使挖填方区土方量仍然保持平衡。

第三节　基坑 (槽) 的施工

一、土方开挖

(一) 土方开挖准备工作

土方工程施工前通常需完成场地清理、排除地面水、修筑临时设施、燃料和其他材料的准备、供电与供水管线的敷设、临时停机棚和修理间等的搭设、土方工程的测量放线和编制施工组织设计等准备工作。

1. 场地清理

场地清理包括清理地面及地下各种障碍。在施工前应拆除旧建筑；拆迁或改建通信、电力设备，上、下水道以及地下建 (构) 筑物；迁移树木并去除耕植土及河塘淤泥等。此项工作由业主委托有资质的拆卸公司或建筑施工公司完成，产生的费用由业主承担。

2. 排除地面水

场地内低洼地区的积水必须排除，雨水也要排除，使场地保持干燥，以利土方施工。地面水的排除一般采用排水沟、截水沟、挡水土坝等措施。

排水沟应尽量利用自然地形来设置，使水直接排至场外，或流向低洼处再用水泵抽走。主排水沟最好设置在施工区域的边缘或道路的两旁，其横断面和纵向坡度应根据最大流量确定。一般排水沟的横断面尺寸不小于 0.5m × 0.5m，纵向坡度一般不小于 2%。在场地平整过程中，要注意保持排水沟畅通，必要时应设置涵洞。山区的场地平整施工，应在较高一面的山坡上开挖截水沟。在低洼地区施工时，除开挖排水沟外，必要时应修筑挡水土坝，以阻挡雨水的流入。

3. 修筑临时设施

修筑好临时道路及供水、供电等临时设施，做好材料、机具及土方机械的进场工作。

4. 定位放线

（1）基槽放线

根据房屋主轴线控制点，首先将外墙轴线的交点用木桩测设在地面上，并在桩顶钉上铁钉作为标志。房屋外墙轴线测定以后，以外墙轴线为依据，再按照建筑施工平面图中轴线间的尺寸，将内部开间所有轴线都一一测出；其次根据边坡系数及工作面大小计算开挖宽度；最后在中心轴线两侧用石灰在地面上撒出基槽开挖边线。同时在房屋四周设置龙门板，以便基础施工时复核轴线位置。

（2）柱基放线

在基坑开挖前，从设计图上查对基础的纵横轴线编号和基础施工详图，根据柱子的纵横轴线，用经纬仪在矩形控制网上测定基础中心线的端点，同时，在每个柱基中心线上测定基础定位桩，每个基础的中心线上设置 4 个定位木桩，其桩位离基础开挖线的距离为 0.5～1.0m。若基础之间的距离不大，可每隔一个或多个基础打一个定位桩，但两个定位桩的间距以不超过 20m 为宜，以便拉线恢复中间柱基的中线。在桩顶上钉一个钉子，标明中心线的位置。然后按边坡系数和基础施工图上柱基的尺寸及工作面确定的挖土边线的尺寸，放出基坑上口挖土灰线，标出挖土范围。

大基坑开挖，根据房屋的控制点，按基础施工图上的尺寸和边坡系数及工作面确定的挖土边线的尺寸，放出基坑四周的挖土边线。

（二）基坑（槽）开挖

土方开挖应遵循"开槽支撑，先撑后挖，分层开挖，严禁超挖"的原则。基坑（槽）开挖可分为人工开挖和机械开挖两种。对于大型基坑应优先考虑选用机械化施工，以加快施工进度。开挖基坑（槽），应按规定的尺寸合理确定开挖顺序和分层开挖深度，连续地进行施工，尽快完成。因土方开挖施工要求标高、断面准确，土体应有足够的强度和稳定性，所以在开挖过程中要随时注意检查。

基坑开挖程序一般是：测量放线→分层开挖→排降水→修坡→整平→留足预留土层等。相邻基坑开挖时，应遵循先深后浅或同时进行的施工程序。挖土应自上而下水平分段分层进行，每层 0.3m 左右，边挖边检查坑底宽度及坡度，不够时应及时修整，每 3m 左右修一次坡，至设计标高，再统一进行一次修坡清底，检查坑底宽和标高，要求坑底凹凸不超过 2cm。

（三）深基坑土方开挖

深基坑开挖一般遵循"先撑后挖，分层开挖"的原则。开挖方法主要有分层挖土、分段挖土、盆式挖土、中心岛式挖土等几种。施工中应根据基坑面积大小、开挖深度、支护结构形式、环境条件等因素选用开挖方法。

1. 分层挖土

分层挖土是将基坑按深度分为多层进行逐层开挖，如图4-8所示。分层厚度，软土地基应控制在2m以内；硬质土可控制在5m以内。开挖顺序可从基坑的某一边向另一边平行开挖，或从基坑两端对称开挖，或从基坑中间向两边平行对称开挖，也可交替分层开挖，具体应根据工作面和土质情况决定。

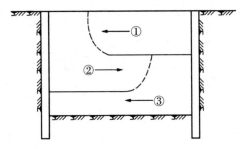

图4-8　分层开挖示意

运土可采取设坡道或不设坡道两种方式。设坡道土的坡度视土质、挖土深度和运输设备情况而定，一般为1∶10～1∶8，坡道两侧要采取挡土或加固措施。不设坡道一般设钢平台或栈桥作为运输土方通道。

2. 分段挖土

分段挖土是将基坑分成几段或几块分别开挖。分段与分块的大小、位置和开挖顺序，根据开挖场地、工作面条件、地下室平面与深浅及施工工期而定。分块开挖即开挖一块，施工一块混凝土垫层或基础，必要时可在已封底的坑底与围护结构之间加设斜撑，以增强支护的稳定性。

3. 盆式挖土

盆式挖土是先分层开挖基坑中间部分的土方，基坑周边一定范围内的土暂不开挖，如图4-9所示。开挖时，可视土质情况按1∶1～1∶1.25放坡，使之形成对四周围护结构的被动土反压力区，以增强围护结构的稳定性，待中间部分的混凝土垫层、基础或地下室结构施工完成之后，再用水平支撑或斜撑对四周围护结构进行支撑，并突击开挖周边支护结构内部分被动土区的土，每挖一层支一层水平横顶撑如图4-10所示，直至坑底，最后浇筑该部分结构混凝土。本法对支护挡墙受力有利，时间效应小，但大量土方不能直接外运，需集中提升后装车外运。

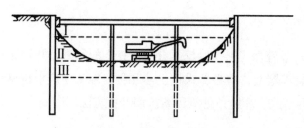

图4-9 盆式挖土示意

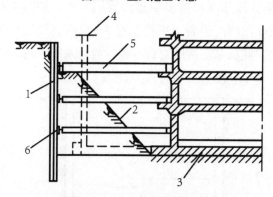

图4-10 盆式开挖内支撑示意

1- 钢板桩或灌注桩；2- 后挖土方；3- 先施工地下结构；
4- 后施工地下结构；5- 钢水平支撑；6- 钢横撑

4.中心岛式挖土

中心岛式挖土是先开挖基坑周边土方，在中间留土墩作为支点搭设栈桥，挖土机可利用栈桥下到基坑挖土，运土的汽车也可利用栈桥进入基坑运土，可有效加快挖土和运土的速度，如图4-11所示。土墩留土高度、边坡的坡度、挖土分层与高差应经仔细研究确定。挖土也是采用分层开挖的方式，一般先全面挖去一层，然后中间部分留置土墩，周围部分分层开挖。挖土多用反铲挖土机，如基坑深度很大，则采用向上逐级传递方式进行土方装车外运。整个土方开挖顺序应遵循"开槽支撑，先撑后挖，分层开挖，严禁超挖"的原则。

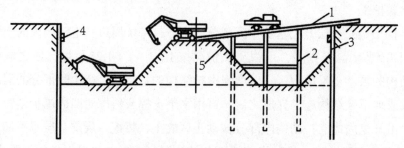

图4-11 中心岛（墩）式挖土示意

1- 栈桥；2- 支架或利用工程桩；3- 围护墙；4- 腰梁；5- 土墩

深基坑在开挖过程中，随着土的挖除，下层土因逐渐卸载而有回弹可能，尤其在基坑挖至设计标高后，如搁置时间过久，回弹更为显著。如弹性隆起在基坑开挖和基础工程初期发展很快，将加大建筑物的后期沉降。因此，对深基坑开挖后的土体回弹，应有适当的估计，如在勘察阶段，土样的压缩试验中应补充卸荷弹性试验等；还可以采取结构措施，在基底设置桩基等，或事先对结构下部土质进行深层地基加固。施工中减少基坑弹性隆起的一个有效方法是把土体中有效应力的改变降到最低，具体方法有加速建造主体结构，或逐步利用基础的重量来代替被挖去土体的重量。

二、土方边坡

开挖土方时，边坡土体的下滑力产生剪应力，此前应力主要由土体的内摩阻力和内聚力平衡，一旦土体失去平衡，边坡就会塌方。为了防止塌方，保证施工安全，在基坑（槽）开挖超过一定限度时，土壁应放坡开挖，或者加以临时支撑或支护以保证土壁的稳定。

土方边坡的大小主要与土质、开挖深度、开挖方法、边坡留置时间的长短、边坡附近的各种荷载状况及排水情况有关。

一般情况下，黏性土的边坡可陡些，砂性土则应平缓些。当基坑周边有主要建筑物时，边坡应取 $1:1.0 \sim 1:1.5$。

根据《土方与爆破工程施工及验收规范》规定，土质均匀且地下水水位低于基坑（槽）或管沟底面标高时，其挖方边坡可做成直立壁不加支撑。挖方深度应根据土质确定，但不宜超过下列规范中的规定值：

（1）密实、中密的砂土和碎石类土（充填物为砂土）1.0m；

（2）硬塑、可塑的轻粉质黏土及粉质黏土 1.25m；

（3）硬塑、可塑的黏土和碎石类土（充填物为黏性土）1.5m；

（4）坚硬的黏土 2.0m。

基坑（槽）或管沟挖好后，应及时进行地下结构和安装工程的施工，在施工过程中，应经常检查坑壁的稳固状态。

三、基坑边坡保护

当基坑边坡高度较大，施工工期和暴露时间较长时，易于疏松或滑塌。为防止基坑边坡因气温变化，或失水过多而疏松或滑塌；或防止坡面受雨水冲刷而导致溜坡现象，应根据土质情况和实际条件采取边坡保护措施，以保护基坑边坡的稳定。常用的基坑坡面保护方法如下。

（一）薄膜或砂浆覆盖法

对基础施工期较短的临时性基坑边坡，采取在边坡上铺塑料薄膜，在坡顶及坡脚用草袋或编织袋装土压住；或在边坡上抹水泥砂浆 2~2.5cm 厚保护。为防止薄膜脱落，在上部及底部的搭盖均应不少于 80cm，同时，在土中插适当锚筋连接，在坡脚设排水沟。

（二）挂网或挂网抹面法

对基础施工工期短、土质较差的临时性基坑边坡，可在垂直坡面楔入直径为 10~12mm、长度为 40~60cm 的插筋，纵横间距为 1m，上铺 20 号钢丝网，上下用草袋或编织袋装土或砂压住，或在钢丝网上抹 2.5~3.5cm 厚的 M5 水泥砂浆。

（三）喷射混凝土或混凝土护面法

对邻近有建筑物的深基坑边坡，可在坡面垂直楔入直径为 10~12mm，长度为 40~50cm 的插筋，纵横间距为 1m，上铺 20 号钢丝网，在表面喷射 40~60mm 厚的 C15 细石混凝土直到坡顶和坡脚。

（四）土袋或砌石压放法

对深度在 5m 以内的临时基坑边坡，在边坡下部用草袋或编制袋装土堆砌或砌石压住坡脚。在坡顶设挡水土堤或排水沟，防止冲刷坡面，在底部做排水沟，防止冲坏坡脚。

四、深基坑支护

深基坑支护按照接受力不同可分为重力式支护结构、非重力式支护结构和土层锚杆。

（一）重力式支护结构

1. 深层搅拌水泥土桩挡墙

该法是用特制进入土层深处的深层搅拌机将喷出的水泥浆固化剂与地基土进行原位强制拌和形成的水泥土桩，水泥土桩相互搭接一起硬化后即形成具有一定强度的壁状挡墙，既可以挡土又可以形成隔水帷幕。

2. 旋喷桩挡墙

该法是钻孔后将钻杆从地基土深处逐渐上提，与此同时，利用钻杆端部的旋转喷嘴，将水泥浆固化剂高压喷入地基土中形成水泥土桩，桩体相互搭接形成挡墙。它与深层搅拌水泥土桩一样，属于重力式挡墙，只是形成水泥桩的工艺不同。在旋喷桩施工时，要控制好钻杆的上提速度、喷射压力与喷射量，以保证施工质量。

（二）非重力式支护结构

1. 钢板桩

常用的钢板桩有槽钢钢板桩和热轧锁口钢板桩。钢板桩由大规格的槽钢并排或正反扣搭接组成。槽钢长度为 6～8m，型号通过计算确定。其抗弯能力较弱，多用于深度不超过 4m 的基坑，顶部需设置一道拉锚或支撑，以提高抗弯能力。

钢板桩具有一次性投资较大、施工工期短、可以重复使用的特点。特别是在软土地区，钢板桩打设方便，有一定的挡水能力，打设后可以立即开挖。钢板桩柔性较大，当基坑较深、支撑工程量较大时，坑内施工难度就会随之增加，特别应注意钢板用后拔桩带土，拔桩后会形成孔隙带，若处理不当将会引起土层移动，给施工结构及周边设施带来危害。

2. H 形钢支柱挡板支护挡墙

支柱挡板支护按照一定间距打入土中，支柱之间设置木挡板或其他挡土设施（随挖土逐步加设），支柱和挡板可以回收使用，较为经济。其适用于土质较好、地下水水位较低的地区，在国内外应用较多。

3. 钢筋混凝土排桩挡墙

在开挖基坑的周边，采用钢筋混凝土钻孔灌注桩、沉管灌注桩，待混凝土达到设计要求后开挖基坑，在挖出的护壁上设置一道或几道腰梁并与支撑或拉杆连接，在桩顶部设置钢筋混凝土圈梁以增强整体性。钢筋混凝土排桩挡墙刚度较大、护弯能力较强、变形相对较小，有利于保护周围建筑，价格较低，经济效益较好。但施工工艺难以做到桩之间相切，桩之间留有 100～150mm 的间隙，挡水能力较差，需要另做防水帷幕。目前，常在桩级相隔 100mm 左右处施工两排深层搅拌水泥土桩，或桩之间施工竖根桩、注浆止水。

钢筋混凝土钻孔灌注桩常用的桩径为 ϕ 600～1100mm，深度为 7～13m 的基坑，多在两层地下室及以下的深坑支护结构中优先选用；沉管灌注桩常用桩径为 ϕ 500～800mm，多用于深度为 10m 以上的基坑。

4. 地下连续墙

地下连续墙现已成为深基坑的主要支护结构挡墙之一，常用的厚度为 600mm、800mm、1000mm。地下连续墙使用特殊挖槽设备，利用水泥浆护壁沿地下结构边墙开挖狭长深槽，在槽内放置预制钢筋笼并浇筑水下混凝土，筑成一段混凝土墙体，然后将若干段墙体连接成整体，形成连续墙体。地下连续墙可以截水防渗或挡土承重，强度高、刚度大，不仅可以用于深基坑支护结构，而且采取一定结构构造措施后可以用作地下工程的部分结构，一定条件下可以大幅度减少工程总造价，并可以结合"逆作法"施工，在地下室顶板完成后，同时进行多层地下室和地面高层房屋的施工，缩短施工总工期。

（三）土层锚杆

土层锚杆是一种受拉杆件，其一端锚固在稳定的地层中，另一端与支护结构的挡墙相连接，将支护结构和其他结构所承受的荷载（土压力、水压力以及水上浮力等）通过拉杆传递到锚固体上，再由锚固体将传来的荷载分散到周围稳定的地层中。

利用土层锚杆支护结构在基坑施工中可以实现坑内无支撑，开挖土方和地下结构施工不受支撑干扰，施工作业面宽敞，在高层建筑深基坑工程中的应用已日益增多。

锚杆支护体系由支护挡墙、腰梁（围檩）及托架、锚杆三部分组成。腰梁将作用于支护挡墙的水、土压力传递给锚杆，并使各杆的应力通过腰梁得到均匀分配。锚杆由锚头、拉杆（拉索）和锚固体三部分组成。

1. 土层锚杆类型

（1）一般注浆圆柱体（压力为 0.3 ~ 0.5MPa）。孔内注水泥浆或水泥砂浆，适用于拉力不高的临时性锚杆。

（2）扩大的圆柱体或不规则体，采用压力注浆，压力从 2MPa（二次注浆）到 5MPa（高压注浆），在黏性土中形成较小的扩大区，在无黏性土中形成较大的扩大区。

（3）孔内沿长度方向扩一个或几个扩大头的圆柱体，采用特制扩孔机械通过中心杆压力将扩张刀具缓缓张开削土成型而成，在黏性土及无黏性土中都适用。

2. 土层锚杆的施工

土层锚杆的施工包括钻孔、拉杆安装、注浆、张拉和锚固等工作。

（1）钻孔

旋转式钻孔机、冲击式钻孔机、旋转冲击式钻孔机均可用于土层锚杆的钻孔，主要根据土质、钻孔深度和地下水的情况进行选择。

土层锚杆孔壁要求平直，以便安放钢拉杆和灌注水泥浆。孔壁不得坍塌和松动，不得影响钢拉杆和土层锚杆的承载能力。钻孔时，不得使用膨润土循环泥浆护壁，以免在孔壁上形成泥皮，降低锚固体与土壁之间的摩阻力。

（2）拉杆安装

土层锚杆用的拉杆，常用的有钢管、粗钢筋、钢丝束和钢绞线。为将拉杆安置在钻孔中心并防止入孔时搅动孔壁，应当沿拉杆每隔 1.5~2m 布设一个定位器。

（3）注浆

锚孔注浆是土层锚杆施工的重要工序之一。注浆的目的是形成锚固段，并防止拉杆腐蚀。锚孔注浆宜用强度不低于 42.5 级的普通硅酸盐水泥，注浆常用水胶比为 0.4~0.5 的水泥浆，或灰砂比为 1∶1~1∶1.2、水胶比为 0.38~0.45 的水泥砂浆。

注浆可分为一次注浆和二次灌浆。

①一次注浆是用泥浆泵通过一根注浆管自孔底起开始注浆，待浆液流出孔口封堵，稳压数分钟后注浆结束。

②二次灌浆是同时装入两根注浆管，两根注浆管分别用于一次注浆和两次注浆。一次注浆管注完予以回收，二次注浆用注浆管管底封堵严密，从管端起向上沿锚固段每隔 1~2m 做一段花管，待一次注浆初凝后，即可进行二次压力注浆。二次注浆为劈裂注浆，二次浆液冲破一次注浆体，沿锚固体与土的界面向土体挤压劈裂扩散，使锚固体直径加大、径向压力增大，显著提高土锚的承载力。

（4）张拉和锚固

锚杆压力灌浆后，待锚固段的强度大于 15MPa，并达到设计强度等级的 75% 后方可进行张拉。

第四节　人工降低地下水水位

在开挖基坑（槽）、管沟或其他土方时，若地下水水位较高，挖土底面低于地下水水位，开挖至地下水水位以下时，土的含水层被切断，地下水将不断流入坑内。这时不仅会使施工条件恶化，而且容易发生边坡失稳、地基承载力下降等不利现象。因此，为了保证工程质量和施工安全，在土方开挖前或开挖过程中必须采取措施，做好降低地下水水位的工作，使地基土在开挖及基础施工过程中保持干燥状态。

在土方工程施工中，降低地下水水位常采用的方法有集水井降水法和井点降水法两种。集水井降水法一般用于降水深度较小且地层中无流砂的情况；如降水深度较大，或地层中有流砂，或在软土地区，应采用井点降水法。无论采用何种方法，降水工作都要持续到基础施工完毕并回填土后才能停止。

一、集水井降水法

集水井降水法又称明沟排水法，是在基坑或沟槽开挖时，在开挖基坑的一侧、两侧或中间设置排水沟，并沿排水沟方向每间隔20～40m设一集水井（或在基坑的四角处设置），使地下水流入集水井内，再用水泵抽出坑外。

（一）集水井及排水沟的设置

为了防止基底土的细颗粒随水流失，使土结构受到破坏，排水沟及集水井应设置在基础范围之外，距基础边线距离不少于0.4m，地下水走向的上游。根据基坑涌水量大小、基坑平面形状及尺寸，以及水泵的抽水能力，确定集水井的数量和间距。一般每隔20～40m设置一个集水井。集水井的直径或宽度一般为0.6～0.8m。集水井的深度随挖土加深而加深，要始终低于挖土面0.7～1.0m。井壁用竹、木等材料加固。排水沟深度为0.3～0.4m，底宽不小于0.2～0.3m。边坡坡度为1∶1～1.5，沟底设有不小于0.2%的纵坡。

当挖至设计标高后，集水井底应低于坑底1～2m，并铺设0.3m的碎石滤水层，以免在抽水时将泥砂抽出，并防止坑底土被搅动。

集水井降水法常用的水泵主要有离心泵、潜水泵和泥浆泵。选用水泵类型时，一般取水泵的排水量为基坑涌水量的1.5～2.0倍。当基坑涌水量$Q<20\text{m}^3/\text{h}$时，可用隔膜式泵或潜水电泵；当$Q=20～60\text{m}^3/\text{h}$，可用隔膜式或离心式水泵或潜水电泵；当$Q>60\text{m}^3/\text{h}$时，多用离心式水泵。

（二）流砂及其防治

基坑挖土达到地下水水位以下，有时坑底下的土就会形成流动状态，随地下水一起流动涌进坑内，这种现象称为流砂现象。发生流砂现象时，土完全丧失承载力，施工条件恶化，难以开挖至设计深度。流砂严重时，会引发基坑侧壁塌方，附近建筑物下沉、倾斜甚至倒塌。总之，流砂现象对土方施工和附近建筑物都有很大危害。

1.流砂产生的原因

流动中的地下水对土颗粒产生的压力称为动水压力。水由左端高水位h_1，经过长度为L、断面为F的土体流向右端低水位h_2，水在土中渗流时受到土颗粒的阻力T，同时水对土颗粒作用一个动水压力G_D，二者大小相等、方向相反。图4-12（a）中，作用在土体左端$a-a$截面处的静水压力为$\rho_w\times h_1\times F$（ρ_w为水的密度），其方向与水流方向一致；作用在土体右端$b-b$截面处的静水压力为$\rho_w\times h_2\times F$，其方向与水流方向相反；水在土中渗流时受到土颗粒的阻力为$T\cdot L\cdot F$（T为单位土体的阻力）。根据静力平衡条件得：

$$\rho_w\cdot h_1\cdot F-\rho_w\cdot h_2\cdot F+T\cdot L\cdot F=0 \qquad (4-21)$$

即:

$$T = \frac{h_1 - h_2}{L} \cdot \rho_w \tag{4-22}$$

式中, $\frac{h_1 - h_2}{L}$ 为水头差与渗流路程长度之比, 即为水力坡度, 用 I 表示, 与动水压力 G_D 成正比。

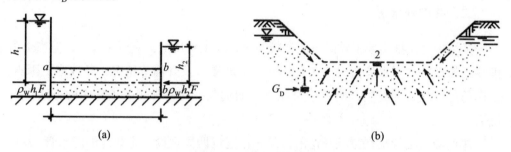

(a)   (b)

图 4-12 动水压力原理

（a）水在土中渗流的力学现象；（b）动水压力对地基的影响

2. 土颗粒

由于地下水的水力坡度大, 即动水压力大, 而且动水压力的方向（与水流方向一致）与土的重力方向相反, 土不仅受水的浮力, 而且受动水压力的作用, 有向上举的趋势, 如图 4-12（b）所示。当动水压力等于或大于土的重度时, 土颗粒处于悬浮状态, 并随地下水一起流入基坑, 即发生流砂现象。

3. 流砂的防治

流砂防治的原则是"治砂必治水", 其途径如下:

（1）减小或平衡动水压力;

（2）截住地下水流;

（3）改变动水压力的方向。

其具体措施如下:

（1）在枯水期施工。因为地下水水位低, 坑内外水位差小, 动水压力小, 不易发生流砂。

（2）打板桩法。将板桩打入坑底下面一定深度, 增加地下水从坑外流入坑内的渗流长度, 以减小水力坡度, 从而减小动水压力, 防止流砂产生。

（3）水下挖土法。就是不排水施工, 使坑内水压与坑外地下水压相平衡, 消除动水压力。

（4）井点降低地下水水位法。采用轻型井点等降水方法, 使地下水渗流向下, 水不致渗流入坑内, 能增大土料间的压力, 从而有效防止流砂形成。因此, 此法应用广且较可靠。

（5）地下连续墙法。此法是在基坑周围先浇筑一道混凝土或钢筋混凝土的连续墙，以支撑土壁、截水并防止流砂产生。

另外，在含有大量地下水土层或沼泽地区施工时，还可以采取土壤冻结法。对位于流砂地区的基础工程，应尽可能用桩基或沉井施工，以减少防治流砂所增加的费用。

二、井点降水法

基坑中直接抽出地下水的方法比较简单，施工费用低，应用比较广，但当土为细砂或粉砂，地下水渗流时会出现流砂、边坡塌方及管涌等情况，导致施工困难，工作条件恶化，并有引起附近建筑物下沉的危险，此时常用井点降水的方法进行施工。

井点降水法就是在基坑开挖前，预先在基坑四周埋设一定数量的滤水管（井）。在基坑开挖前和开挖过程中，利用真空原理，不断抽出地下水，低到坑底以下，从根本上解决地下水涌入坑内的问题，如图4-13（a）所示；可以防止边坡由于受地下水流的冲刷而引起的塌方，如图4-13（b）所示；使坑底的土层消除了地下水水位差引起的压力，因此可以防止坑底土的上冒，如图4-13（c）所示；由于没有水压力，减少了板桩横向荷载，如图4-13（d）所示；由于没有地下水的渗流，也就消除了流砂现象，如图4-13（e）所示。降低地下水水位后，由于土体固结，还能使土层密实，增加地基土的承载能力。

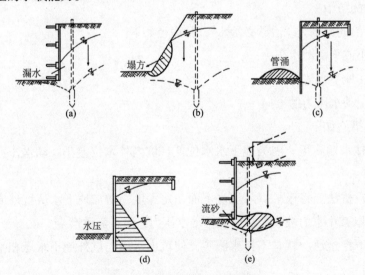

图4-13　井点降水法的作用

（a）防止涌水；（b）使边坡稳定；（c）防止土的上冒；

（d）减少横向荷载；（e）防止流砂

(一) 轻型井点降水

1. 轻型井点降水设备

设备由井点管、弯联管、集水总管、滤管和抽水设备组成。

滤管为进水设备，长度一般为 1.0～1.5m，直径常与井点管相同；管壁上钻有直径为 12～18mm 的呈梅花形状的滤孔，管壁外包两层滤网，内层为细滤网，采用网眼为 30～51 孔／cm² 的黄铜丝布、生丝布或尼龙丝布；外层为粗滤网，采用网眼为 3～10 孔／cm 的铁丝布或尼龙丝布或棕树皮。为避免滤孔淤塞，在管壁与滤网间用铁丝绕成螺旋状隔开，滤网外面再围一层 8 号粗铁丝保护层。滤管下端放一个锥形的铸铁头。井点管为直径 38～55mm 的钢管 (或镀锌钢管)，长度为 5～7m，井点管上端用弯联管与总管相连。弯联管宜用透明塑料管或橡胶软管。

集水总管一般用直径为 75～100mm 的钢管分节连接，每节长度为 4m，每间隔 0.8～1.6m 设一个连接井点管的接头。

抽水设备有两种类型，一种是真空泵轻型井点设备，由真空泵、离心泵和汽水分离器组成，这种设备国内已有定型产品供应，设备形成的真空度高 (67～80kPa)，带井点管数多 (60～70 根)，降水深度较大 (5.5～6.0m)；但该设备较复杂，易出故障，维修管理困难，耗电量大，适用于重要的、较大规模的工程降水。另一种是射流泵轻型井点设备，它由离心泵、射流泵 (射流器)、水箱等组成。射流泵抽水系由高压水泵供给工作水，经射流泵后产生真空，引射地下水流；该设备构造简单，制造容易，降水深度较大 (可达 9m)，成本低，操作维修方便，耗电少，但其所带的井点管一般只有 25～40 根，总管长度为 30～50m。若采用两台离心泵和两个射流器联合工作，能带动井点管 70 根，总管长度为 100m。这种形式目前应用较广，是一种有发展前途的抽水设备。

2. 轻型井点的布置

轻型井点的布置应根据基坑的形状与大小、地质和水文情况、工程性质、降水深度等来确定。

(1) 平面布置

当基坑 (槽) 宽小于 6m 且降水深度不超过 5m 时，可采用单排井点，布置在地下水上游一侧，两端延伸长度以不小于槽宽为宜，如图 4-14 (a) 所示。如宽度大于 6m 或土质不良、渗透系数较大，宜采用双排井点，布置在基坑 (槽) 的两侧。当基坑面积较大时宜采用环形井点，非环形井点考虑运输设备入道，一般在地下水下游方向布置成不封闭状态。井点管距离基坑壁一般可取 0.7～1.0m，以防局部发生漏气。井点管间距为 0.8m、1.2m、1.6m，由计算或经验确定。井点管在总管四角部分应适当加密。

（2）高程布置

轻型井点的降水深度，从理论上讲可达10.3m，但由于管路系统的水头损失，其实际的降水深度一般不宜超过6m。井点管的埋置深度 H 可按下式计算，如图4-14（b）所示。

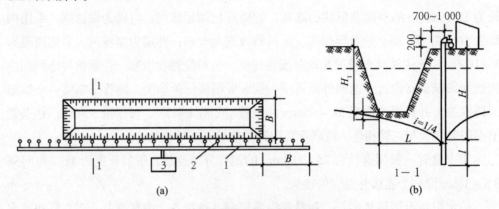

图4-14 单排井点布置

（a）平面布置；（b）高程布置

1- 总管；2- 井点管；3- 抽水设备

$$H \geqslant H_1 + h + iL \tag{4-23}$$

式中 H_1 ——井点管埋设面至基坑底面的距离（m）；

h ——降低后的地下水水位至基坑中心底面的距离（m），一般为 $0.5 \sim 1.0m$，人工开挖取下限，机械开挖取上限；

i ——水力坡度，单排井点为 $1/4$、双排井点为 $1/7$，环形井点为 $1/10$；

L ——井点管中心至基坑中心的短边距离（m）。

如当 H 值小于降水深度6m，可用一级井点；当 H 值稍大于6m且地下水水位离地面较深时，可采用降低总管埋设面的方法，仍可采用一级井点；当一级井点达不到降水深度要求时，则可采用二级井点或喷射井点。

3. 施工工艺流程

轻型井点施工工艺流程为：放线定位→铺设总管→冲孔→安装井点管、填砂砾滤料、上部填黏土密封→用弯联管将井点管与总管接通→安装抽水设备→开动设备试抽水→测量观测井中地下水水位变化的情况。

4. 井点管埋设

井点管的埋设一般采用水冲法进行，借助于高压水冲刷土体，用冲管扰动土体助冲，将土层冲成圆孔后埋设井点管。整个过程可分冲孔与埋管两个过程。冲孔的直径一般为300mm，以保证井管四周有一定厚度的砂滤层；冲孔深度宜比滤管底深

0.5m 左右，以防冲管拔出时部分土颗粒沉于底部而触及滤管底部。

井孔冲成后，立即拔出冲管，插入井点管，并在井点管与孔壁之间迅速填灌砂滤层，以防孔壁塌土。砂滤层的填灌质量是保证轻型井点顺利抽水的关键。一般宜选用干净粗砂，填灌要均匀，并填至滤管顶上 1 ~ 1.5m，以保证水流畅通。井点填砂后，需用黏土封口，以防漏气。

井点管埋设完毕后，需进行试抽，以检查有无漏气、淤塞现象，异常情况，应在检修好后使用。

(二) 喷射井点降水

当基坑开挖较深或降水深度大于 8m 时，必须使用多级轻型井点才可收到预期效果。但需要增大基坑土方开挖量，延长工期并增加设备数量，因此不够经济。此时宜采用喷射井点降水，在渗透系数 3 ~ 50m / d 的砂土中应用最为有效，在渗透系数为 0.1 ~ 2m / d 的亚砂土、粉砂、淤泥质土中效果也较显著，其降水深度可达 8 ~ 20m。

1. 喷射井点设备

喷射井点根据其工作时使用液体或气体的不同，可分为喷水井点和喷气井点两种。其设备主要由喷射井管、高压水泵 (或空气压缩机) 和管路系统组成，如图 4-15 (a) 所示。喷射井管 1 由内管 8 和外管 9 组成，在内管下端装有升水装置喷射扬水器与滤管 2 相连，如图 4-15 (b) 所示。在高压水泵 5 作用下，具有一定压力水头 (0.7 ~ 0.8MPa) 的高压水经进水总管 3 进入井管的内外管之间的环形空间，并经扬水器的侧孔流向喷嘴 10。由于喷嘴截面突然缩小，流速急剧增加，压力水由喷嘴以很高流速喷入混合室 11，将喷嘴口周围空气吸入，被急速水流带走，致使该室压力下降而造成一定真空度。此时地下水被吸入喷嘴上面的混合室，与高压水汇合，流经扩散管 12 时，由于截面扩大，流速降低而转化为高压，沿内管上经排水总管排于集水池 6 内，此池内的水，一部分用水泵 7 排走，另一部分供高压水泵压入井管用。如此循环不断，将地下水逐步抽出，降低了地下水水位。高压水泵宜采用流量为 50 ~ 80m³ / h 的多级高压水泵，每套能带动 20 ~ 30 根井管。

2. 喷射井点布置与使用

喷射井点的管路布置、井管埋设方法及要求与轻型井点相同。喷射井管间距一般为 2 ~ 3m，冲孔直径为 400 ~ 600mm，深度应比滤管深 1m 以上，如图 4-15 (c) 所示。使用时，为防止喷射器损坏，需先对喷射井管逐根冲洗，开泵时压力要小一些 (小于 0.3MPa)，以后再逐渐开足，如发现井管周围有翻砂、冒水现象，应立即关闭井管检修。工作水应保持清洁，试抽两天后应更换清水，此后视水质污浊程度定期更换清水，以减轻工作水对喷射嘴及水泵叶轮等的磨损。

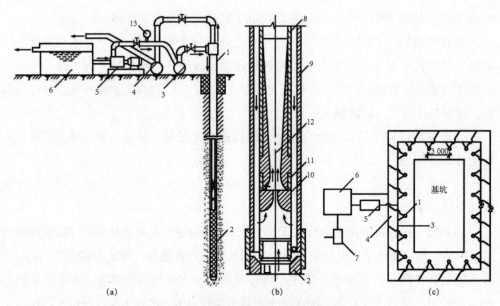

图 4-15　喷射井点设备及平面布置

(a) 喷射井点设备简图; (b) 喷射扬水器简图; (c) 喷射井点平面布置

1- 喷射井管; 2- 滤管; 3- 进水总管; 4- 排水总管; 5- 高压水泵; 6- 集水池; 7- 水泵; 8- 内管;

9- 外管; 10- 喷嘴; 11- 混合室; 12- 扩散管; 13- 压力表

（三）管井井点降水

管井井点又称大口径井点，适用于渗透系数大（20～200m/d），地下水丰富的土层和砂层，或用集水井法易造成土粒大量流失，引起边坡塌方及用轻型井点难以满足要求的情况下，具有排水量大、降水深、排水效果好、可代替多组轻型井点作用等特点。

1. 主要设备

设备由滤水井管、吸水管和抽水机械等组成，如图 4-16 所示。滤水井管的过滤部分，可采用钢筋焊接骨架外包孔眼为 1～2mm、长度为 2～3m 的滤网，井管部分宜用直径为 200mm 以上的钢管或竹木、混凝土等其他管材。吸水管宜用直径为 50～100mm 的胶皮管或钢管，插入滤水井管内，其底端应插到管井抽吸时的最低水位以下，必要时装设逆止阀，上端装设一节带法兰盘的短钢管。抽水机械常用 100～200mm 的离心式水泵。

2. 管井布置

沿基坑外圈四周呈环形或沿基坑（或沟槽）两侧或单侧呈直线布置。井中心距基坑（或沟槽）边缘的距离，根据所用钻机的钻孔方法而定，当用冲击式钻机用泥浆护壁时为 0.5～1.5m；当用套管法时不小于 3m。管井的埋设深度和间距根据所需降水面积和深度以及含水层的渗透系数与因素而定，埋深为 5~10m，间距为 10~50m，降水深度为 3~5m。

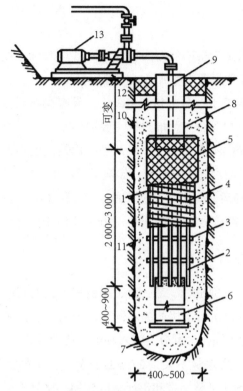

图 4-16　管井井点

1– 滤水井管；2– 机 4 钢筋焊接骨架；3–6×30 铁环 @250；4–10 号钢丝垫筋 @25
焊于管架上；5– 孔眼为 1~2mm 钢丝网点焊于垫筋上；6– 沉砂管；7– 木塞；
8– ϕ50~ϕ250 钢管；9– 吸水管；10– 钻孔；11– 填充砂砾；12– 黏土；13– 水泵

第五节　土方工程机械施工

　　土方工程量大、工期长。为节约劳动力、降低劳动强度、加快施工速度，应尽量对土方工程的开挖、运输、填筑、压实等施工过程采用机械施工。

　　土方工程施工机械的种类繁多，如推土机、铲运机、单斗挖土机、多斗挖土机和装载机等。而在房屋建筑工程施工中，尤以推土机、铲运机和单斗挖土机应用最广。施工时，应根据工程规模、地形条件、水文性质情况和工期要求正确选择土方施工机械。

一、土方工程施工机械的类型

（一）推土机

推土机是在履带式拖拉机的前方安装推土铲刀（推土板）制成的。按铲刀的操纵机结构不同，推土机可分为索式和液压式两种。

推土机能单独完成挖土、运土和卸土工作，具有操纵灵活、运转方便、所需工作面较小、行驶速度较快等特点。推土机主要适用于一至三类土的浅挖短运，如场地清理或平整，开挖深度不大的基坑以及回填、推筑高度不大的路基等。另外，推土机还可以牵引其他无动力的土方机械，如拖式铲运机、松土器和羊足碾等。

推土机推运土方的运距一般不超过100m，运距过长，土将从铲刀两侧流失过多，影响其工作效率，经济运距一般为30～60m，铲刀刨土长度一般为6～10m。

（二）铲运机的开行路线

铲运机是一种能独立完成挖、装、运、填的机械，对行驶道路要求较低，操纵灵活，效率较高。铲运机按行走机构的不同，可分为自行式铲运机和拖式铲运机两种；按铲斗操纵方式的不同，又可分为索式和油压式两种。

铲运机一般适用于含水量不大于27%的一至三类土的直接挖运，常用于坡度在20°以内的大面积场地平整地带和沼泽地区使用。坚硬土开挖时要用推土机助铲或用松土器配合。拖式铲运机的运距以不超过800m为宜，于稍长距离的挖运，土、普通土且地形起伏不大（坡度在20°以内）的大面积场地上施工。

铲运机的基本作业是铲土、运土和卸土三个工作行程和一个空载回驶行程。在施工中，由于挖填区的分布情况不同，为了提高生产效率，应根据不同施工条件（工程大小、运距长短、土的性质和地形条件等），选择合理的开行路线和施工方法。由于挖填区的分布不同，应根据具体情况选择开行路线，铲运机的开行路线种类如下。

1. 环形路线

当地形起伏不大，施工地段较短时，多采用环形路线。图4-17（a）所示为小环形路线，这是一种既简单又常用的路线。从挖方到填方按环形路线回转，每循环一次完成一次铲土和卸土，挖填交替。当挖填之间的距离较短时可采用大环形路线，如图4-17（b）所示，一个循环可完成多次铲土和卸土，这样可减少铲运机的转弯次数，提高工作效率。作业时应时常按顺、逆时针方向交换行驶，以避免机械行驶部分单侧磨损。

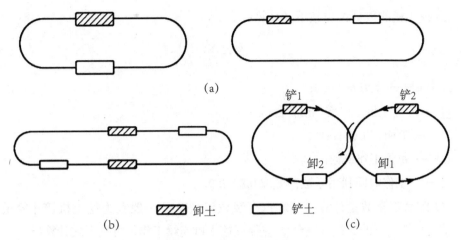

图 4-17 铲运机运行路线

(a)小环形路线;(b)大环行路线;(c)"8"字形路线

2. "8"字形路线

施工地段加长或地形起伏较大时,多采用"8"字形开行路线,如图4-17(c)所示。采用这种开行路线,铲运机在上下坡时是斜向行驶,受地形坡度限制小;一个循环中两次转弯的方向不同,可避免机械行驶的单侧磨损;一个循环完成两次铲土和卸土,减少了转弯次数及空车行驶距离,从而缩短了运行时间,提高了生产率。

二、土方工程机械化施工选择

土方开挖机械的选择主要是确定类型、型号和台数。挖土机械的类型是根据土方开挖类型、工程量、地质条件及挖土机的适用范围确定;其型号再根据开挖场地条件、周围环境及工期等确定;最后确定挖土机台数和配套汽车数量。

挖土机的数量应根据所选挖土机的台班生产率、工程量大小和工期要求进行计算。

(1)挖土机台班产量 P_d 按下式计算:

$$P_d = \frac{8 \times 3600}{t} \cdot q \cdot \frac{K_c}{K_s} \cdot K_B \quad (m^3/班) \tag{4-24}$$

式中 t ——挖土机每次作业循环延续时间(s),由机械性能决定,如 W1—100 正铲挖土机为 25 ~ 40s,W1—100 拉铲挖土机为 45 ~ 60s;

q ——挖土机铲斗容量(m³);

K_c ——铲斗的充盈系数,可取 0.8 ~ 1.1;

K_s ——土的最初可松性系数;

——时间利用系数,一般取 0.6 ~ 0.8。

（2）挖土机的数量 N 可按下式计算：

$$N = \frac{Q}{Q_d} \cdot \frac{1}{TCK} \tag{4-25}$$

式中 Q——土方量（m^3）；

Q_d——挖土机生产率（m^3／台班）；

T——工期，工作日；

C——每天工作班数；

K——工作时间利用系数，可取 0.8~0.9。

（3）配套汽车数量计算。自卸汽车装载容量 Q_1，一般宜为挖土机铲斗容量的 3~5 倍；自卸汽车的数量 N_1（台），应保证挖土机连续工作，可按下式计算：

$$N_1 = \frac{T}{t_1} \tag{4-26}$$

式中 T——自卸汽车每一工作循环的延续时间（min），计算公式为：

$$T = t_1 + \frac{2l}{v_c} + t_2 + t_3 \tag{4-27}$$

t_1——自卸汽车每次装车时间（min），$t_1 = nt$；

n——自卸汽车每车装土斗数，$n = \dfrac{Q_1}{q \cdot \dfrac{K_c}{K_s} \cdot \rho}$；

t——挖土机每斗作业循环的延续时间（s）（W1—100 正铲挖土机为 25~40s）；

q——挖土机铲斗容量（m^3）；

K_c——铲斗充盈系数，可取 0.8~1.1；

K_s——土的最初可松性系数；

ρ——土的重力密度（一般取 17kN／m^3）；

l——运距（m）；

v_c——重车与空车的平均速度（m／min），一般取 333~500m／min；

t_2——卸车时间（一般为 1min）；

t_3——操纵时间（包括停放待装、等车、让车等），可取 2~3min。

第五章　地基处理与基础工程施工

第一节　地基处理

地基是指建筑物荷载作用下基底下方产生的变形不可忽略的那部分地层。而基础则是指将建筑物荷载传递给地基的下部结构。作为支承建筑物荷载的地基，必须能防止强度破坏和失稳。在满足上述条件下，尽量采用相对埋深不大，只需普通施工程序就可完成的基础类型，即天然地基上的浅基础。若地基不能满足要求，则应进行地基加固处理，在处理后的地基上建造的基础，称为人工地基上的浅基础。当上述地基基础形式均不能满足要求时，则应考虑借助特殊施工手段实现的、相对埋深较大的基础形式，即深基础（常用桩基），以求把荷载更稳固地传递到深处的坚实土层中。

地基处理就是按照上部结构对地基的要求，对地基进行必要的加固或改良，提高地基土的承载力，保证地基稳定，减少房屋的沉降。

一、特殊土地基工程性质及处理原则

（一）饱和淤泥土

工程上将淤泥和淤泥质土称为软土。软土以黏粒为主，在静水或非常缓慢的流水环境中沉积而成。

（二）杂填土地基

杂填土由堆积物组成。堆积物一般为含有建筑垃圾、工业废料、生活垃圾、弃土等杂物的填土。

解决杂填土地基的不均匀性，可用强夯法、振冲碎石桩、振动成孔灌注桩、复合地基等方法处理，不宜用静力预压、砂垫层等方法处理。

（三）湿陷性黄土

湿陷性黄土是一种特殊的黏性土，浸水便会产生湿陷，使地基出现大面积或局部下沉，造成房屋损坏。其广泛分布于我国河南、河北、山东、山西、陕西北部等区域。

破坏土的大孔结构，改善土的工程性质，消除或减少地基的湿陷变形，防止水浸入地基，提高建筑结构刚度等，可用灰土垫层法、夯实法、挤密法、桩基础法、预浸水法等进行处理。

（四）膨胀土

膨胀土主要是一种由亲水性矿物黏粒组成，具有较大胀缩性的高塑性黏土，主要黏粒矿物为具有很强吸附能力的蒙脱石，它的强度较高，压缩性很差，具有吸水膨胀、失水收缩和反复胀缩变形的特点，性质极不稳定。膨胀土主要分布于我国湖北、广西、云南、安徽、河南等地。

膨胀土虽属于坚硬不透水的裂隙土，但吸附能力极强。膨胀土含水量的增加依靠水分子的转移和毛细管的作用，其含水量的减少依靠蒸发。房屋的不均匀变形有土质本身不均匀的因素，更重要的是水分转移及蒸发的不均匀性。在地基处理时可采用换土、砂石垫层、土性改良等方法。当膨胀土较厚时，可以采用桩基处理，将桩尖支撑在稳定土层上。

二、地基土处理方法

地基土处理就是按照上部结构对地基的要求，对地基进行必要的加固或改良，并经人工处理，改善地基土的强度及压缩性，消除或避免造成上部结构破坏和开裂的影响因素。常见的地基土处理方法有以下几种。

（一）灰土垫层

灰土垫层是采用石灰和黏性土拌和均匀后，分层夯实而成。石灰与土的配合比一般采用体积比，比例为 $2:8$ 或 $3:7$，其承载能力可达到300kPa，适用于地下水水位较低、基槽经常处于较干状态下的一般黏性土地基的加固。灰土地基施工方法简便，取材容易，费用较低。其施工要点如下。

（1）灰土料的施工含水量应控制在最优含水量 $\pm2\%$ 的范围内，最优含水量可以通过击实试验确定，也可按当地经验取用。

（2）灰土分段施工时，不得在墙角、柱基及承重窗间墙下接缝，上、下两层的接缝距离不得小于 500mm，接缝处应夯压密实，并做成直槎。当灰土地基高度不同时，应做成阶梯形，每阶宽度不小于 500mm。对做辅助防渗层的灰土，应将地下水水位以下结构包围，并处理好接缝，同时注意接缝质量；每层虚土从留缝处往前延伸 500mm，夯实时应夯过接缝 300mm 以上；接缝时，用铁锹在留缝处垂直切齐，再铺下段夯实。

（3）灰土应于当日铺填夯压，入坑（槽）灰土不得隔日夯打。夯实后的灰土 30d 内不得受水浸泡，并及时进行基础施工与基坑回填，或在灰土表面做临时性覆盖，避免日晒雨淋。雨季施工时，应采取适当的防雨、排水措施，以保证灰土在基坑（槽）内无积水的状态下进行夯实。刚夯打完的灰土，如突然遇雨，应将松软灰土除去，并补填夯实；稍受湿的灰土可在晾干后补夯。

（4）冬期施工必须在基层不冻的状态下进行，对土料应覆盖保温，不得使用冻土及夹有冻块的土料；已熟化的石灰应在次日用完，以充分利用石灰熟化时的热量。当日拌和灰土应当日铺填夯完，表面应用塑料布及草袋覆盖保温，以防灰土垫层因早期受冻而降低强度。

（5）施工时，应注意妥善保护定位桩、轴线桩，防止碰撞发生位移，并应经常复测。

（6）对基础、基础墙或地下防水层、保护层以及从基础墙伸出的各种管线，均应妥善保护，防止回填灰土时碰撞或损坏。

（7）夜间施工时应合理安排施工顺序，要配备足够的照明设施，防止铺填超厚或配合比错误。

（8）灰土地基夯实后，应及时进行基础的施工和地平面层的施工；否则，应临时遮盖，防止日晒雨淋。

（9）每一层铺筑完毕，应进行质量检验并认真填写分层检测记录。当某一填层不符合质量要求时，应立即采取补救措施，进行整改。

（二）砂垫层与砂石垫层

当地基土较松软，常将基础下面一定厚度软弱土层挖除，用砂或砂石垫层来代替，以起到提高地基承载力、减少沉降、加速软土层排水固结的作用。一般用于具有一定透水性的黏土地基加固，但不宜用于湿陷性黄土地基和不透水的黏性土地基的加固，以免引起地基大幅下沉，降低其承载力。

其施工要点如下。

（1）施工前应验槽，先将浮土消除，基槽（坑）的边坡必须稳定，槽底和两侧如有孔洞、沟、井和墓穴等，应在未做垫层前加以处理。

（2）人工级配的砂石材料，应按级配拌制均匀，再铺填振实。

（3）砂垫层或砂石垫层的底面宜铺设在同一标高上，当深度不同时，施工应按照先深后浅的顺序进行。土层面应形成台阶或斜坡搭接，搭接处应注意振捣密实。

（4）分段施工时，接槎处应做成斜坡，每层错开 0.5 ~ 1.0m，并应充分振捣。

（5）采用砂石垫层时，为防止基坑底面的表层软土发生局部破坏，应在基坑底部及四周先铺一层砂，然后再铺一层碎石垫层。

（6）垫层应分层铺设，分层夯（压）实。分层厚度可用样桩控制。每铺好一层垫层，经密实度检验合格后方可进行上一层施工。

（7）冬季施工时，不得采用夹有冰块的砂石做垫层，并应采取措施防止砂石内水分冻结。

（三）碎砖三合土垫层

碎砖三合土是用石灰、砂、碎砖（石）和水搅拌均匀后，分层铺设夯实而成。配合比应按设计规定，一般用 1 : 2 : 4 或 1 : 3 : 6（消石灰：砂或黏性土：碎砖，体积比）。碎砖粒径为 20 ~ 60mm，不得含有杂质；砂或黏性土中不得含有草根、贝壳等有机物；石灰用未粉化的生石灰块，使用时临时用水熟化。施工时，按体积配合比材料，拌和均匀，铺摊入槽。同时应注意下列事项。

（1）基槽在铺设三合土前，必须验槽、排除积水和铲除泥浆。

（2）三合土拌和均匀后，应分层铺设。铺设厚度第一层为 220mm，其余各层均为 200mm。每层应分别夯实至 150mm。

（3）三合土可采用人力夯实或机械夯实。夯打应密实，表面平整。如发现三合土含水量过低，应补浇灰浆，并随浇随打夯。铺摊完成的三合土不得隔日夯打。

（4）铺至设计标高后，最后一遍夯打时，宜淋洒浓灰浆，待表面略干后，再铺摊薄层砂子或煤屑，进行最后的整平夯实，以便施工弹线。

（四）强夯法

强夯法是一种地基加固措施，即用几十吨（8 ~ 40t）的重锤从高处（6 ~ 30m）落下，反复多次夯击地面，对地基进行强力夯实。这种强大的夯击力（≥ 500kJ）在地基中产生应力和振动，从地面夯击点发出的纵波和横波可以传至土层深处，迫使土体中的孔隙压缩，土体局部液化，夯击点周围产生裂隙，形成良好的排水通道，水和气迅速排出，土体产生固结，从而使地基土浅层和深层得到不同程度的加固，提高地基承载力，降低其压缩性。

强夯法适用于处理碎石土、砂土和低饱和度的黏性土、粉土以及湿陷性黄土等地基的深层加固。地基经强夯加固后，承载能力可提高 2～5 倍，压缩性可降低 200%～1000%，其影响深度在 10m 以上，且强夯法具有施工简单、速度快、节省材料、效果好等特点，因而被广泛使用，但强夯所产生的振动和噪声很大，对周围建筑物和其他设施有影响，在城市中心和居民区不宜采用，必要时应采取挖防震沟等防震措施。其施工要点如下。

（1）施工前应做好强夯地基地质勘察，对不均匀土层适当增加钻孔和原位测试工作，掌握土质情况，作为制订强夯方案和对比夯前、夯后加固效果之用。查明强夯影响范围内的地下构筑物和各种地下管线的位置及标高，采取必要的防护措施，避免因强夯施工而造成破坏。

（2）施工前应检查夯锤质量、尺寸，落锤控制手段及落距，夯击遍数，夯点布置，夯击范围，进而应现场试夯，用以确定施工参数。

（3）夯击时，落锤应保持平稳，夯位应准确，夯击坑内积水应及时排除。坑底含水量过大时，可铺砂石后再进行夯击。

（4）强夯应分段进行，顺序从边缘夯向中央，对厂房柱基也可一排一排夯击；起重机直线行驶，从一边驶向另一边，每夯完一遍，进行场地平整。放线定位后，再进行下一遍夯击。强夯的施工顺序是先深后浅，即先加固深层土，再加固中层土，最后加固浅层土。夯坑底面以上的填土（经推土机推平夯坑）比较疏松，加上强夯产生的强大振动，也会使周围已夯实的表层土产生一定的振松，如前所述，一定要在最后一遍点夯完之后，再以低能量满夯一遍。但在夯后进行工程质量检验时，有时会发现厚度 1m 左右的表层土的密实程度要比下层土差，说明满夯没有达到预期的效果，这是因为目前大部分工程的低能满夯采用和强夯施工同一夯锤低落距夯击，由于夯锤较重，而表层土因无上覆压力、侧向约束小，所以夯击时土体侧向变形大。对于粗颗粒的碎石、砂砾石等松散料来说，侧向变形就更大，更不易夯实、夯密。由于表层土是基础的主要持力层，如处理不好，将会增加建筑物的沉降和不均匀沉降。因此，必须高度重视表层土的夯实问题。有条件的，满夯时宜采用小夯锤夯击，并适当增加满夯的夯击次数，以提高表层土的夯实效果。

（5）对于高饱和度的粉土、黏性土和新饱和填土，进行强夯时，很难将最后两击的平均夯沉量控制在规定的范围内，可采取以下措施：

①适当降低夯击能量；

②适当加大夯沉量差；

③填土可采取将原土上的淤泥清除，挖纵横盲沟，以排除土内的水分；同时，在原土上铺 50cm 厚的砂石混合料，以保证强夯时土内的水分排出，在夯坑内回填块石、碎石或矿渣等粗颗粒材料，进行强夯置换等措施。

通过强夯将坑底软土向四周挤出，使其在夯点下形成块（碎）石墩，并与四周软土构成复合地基，产生明显的加固效果。

（6）雨期强夯施工，场地四周设排水沟、截洪沟，防止雨水入侵夯坑；填土中间稍高，土料含水率应符合要求，分层回填、摊平和碾压，使表面保持1%～2%的排水坡度，当班填当班压实；雨后抓紧时间排水，推掉表面稀泥和软土，再碾压，夯后夯坑立即填平、压实，使之高于四周。

（7）冬季施工应清除地表冰冻层再强夯，夯击次数相应增加。如有硬壳层，要适当增加夯击次数或提高夯击质量。

（8）做好施工过程中的监测和记录工作，包括检查夯锤重和落距，对夯点放线进行复核，检查夯坑位置，按要求检查每个夯点的夯击次数、每夯的夯沉量等，对各项施工参数、施工过程实施情况做好详细记录，作为质量控制的依据。

（五）灰土挤密桩

灰土挤密桩是以震动或冲击的方法成孔，然后在孔中填以2：8或3：7的灰土并夯实而成。适用于处理松软砂类土、素填土、杂填土、湿陷性黄土等，将土挤密或消除湿陷性，效果显著。处理后的地基承载力可以提高一倍以上，同时具有节省大量土方，降低造价70%～80%，施工简便等优点。其施工要点如下。

（1）施工前应在现场进行成孔、夯填工艺和挤密效果试验，以确定分层填料厚度、夯击次数和夯实后干密度等要求。

（2）灰土的土料和石灰质量要求及配制工艺要求同灰土垫层。填料的含水量超出或低于最佳值3%时，宜进行晾干或洒水润湿。

（3）桩施工一般采取先将基坑挖好，预留20～30cm土层，然后在基坑内施工灰土桩，基础施工前再将已扰动的土层挖去。

（4）桩的施工顺序应先外排后里排，同排内应间隔一两个孔，以免因振动挤压造成相邻孔产生缩孔或坍孔。成孔达到要求深度后，应立即夯填灰土，填孔前应先清底夯实、夯平。夯击次数不少于8次。

（5）桩孔内灰土应分层回填夯实，每层厚度为350～400mm，夯实可用人工或简易机械进行，桩顶应高出设计标高约150mm，挖土时将高出部分铲除。

（6）如孔底出现饱和软弱土层时，可加大成孔间距，以防由于振动而造成已成桩孔内挤塞；当孔底有地下水流入时，可采用井点抽水后再回填灰土或可向桩孔内填入一定数量的干砖渣和石灰，经夯实后再分层填入灰土。

（六）堆载预压法

堆载预压法是在含饱和水的软土或杂填土地基中打入一群排水砂桩（井），桩顶铺设砂垫层，先在砂垫层上分期加荷预压，使土中孔隙水不断通过砂井上升至砂垫层排出地表，从而在建筑物施工之前，地基土大部分先期排水固结，减少了建筑物沉降，提高了地基的稳定性。这种方法具有固结速度快、施工工艺简单、效果好等特点，应用广泛。适用于处理深厚软土和冲填土地基，多用于处理机场跑道、水工结构、道路、路堤、码头、岸坡等工程地基，对于泥炭等有机质沉积地基则不适用。其施工要点如下。

（1）砂井施工机具、方法等同于打砂桩。当采用袋装砂井时，沙袋应选用透水性好、韧性强的麻布、聚丙烯编织布制作。当桩管沉到预定深度后插入袋子，把袋子的上口固定到装砂用的漏斗上，通过振动将砂子填入袋中并密实；待装满砂后，卸下沙袋扎紧袋口，拧紧套管上盖并提出套管，此时袋口应高出孔口500mm，以便埋入地基中。

（2）砂井预压加荷物一般采用土、砂、石或水。加荷方式有两种：一是在建筑物正式施工前，在建筑物范围内堆载，待沉降基本完成后把堆载卸走，再进行上部结构施工；二是利用建筑物自身的重量，更加直接、简便、经济，每平方米所加荷载量宜接近设计荷载。也可用设计标准荷载的120%为预压荷载，以加速排水固结。

（3）地基预压前，应设置垂直沉降观测点、水平位移观测桩、斜仪及孔隙水压计。

（4）预压加载应分期、分级进行。加荷时应严格控制加荷速度，控制方法是每天测定边桩的水平位移与垂直升降和孔隙水压力等。地面沉降速率不宜超过10mm/d；边桩水平位移宜控制在3~5mm/d；边桩垂直上升不宜超过2mm/d。若超过上述规定数值，应停止加荷或减荷，待稳定后再加载。

（5）加荷预压时间由设计规定，一般为6个月，但不宜少于3个月。同时，待地基平均沉降速率减小到不大于2mm/d时，方可开始分期、分级卸荷，但应继续观测地基沉降和回弹情况。

（七）振冲地基

振冲地基是利用振冲器在土中形成振冲孔，并在振动冲水过程中填以砂、碎石等材料，借振冲器的水平及垂直振动，振密填料，形成的砂石桩体与原地基构成复合地基，提高地基的承载力和改善土体的排水降压通道，并对可能发生液化的砂土产生预振效应，防止液化。

振冲桩加固地基不仅可节省钢材、水泥和木材，且施工简单，加固期短，还可因地制宜，就地取材，用碎石、卵石和砂、矿渣等填料，费用低廉，经济节省，是一种快速、经济、有效的地基加固方法。

振冲桩适用于加固松散的砂土地基；对黏性土和人工填土地基，经试验证明加固有效时方可使用；对于粗砂土地基，可利用振冲器的振动和水冲过程使砂土结构重新排列挤密，而不必另加砂石填料（也称振冲挤密法）。

（八）深层搅拌法

深层搅拌法是利用水泥浆做固化剂，采用深层搅拌机在地基深部就地将软土和固化剂充分拌和，利用固化剂和软土发生一系列物理、化学反应，使之凝结成具有整体性、水稳性和较高强度的水泥加固体，与天然地基形成复合地基。加固形式有柱状、壁状和块状三种。

深层搅拌法加固工艺合理，技术可靠，施工中无振动、无噪声，对环境无污染，对土壤无侧向挤压，对邻近建筑影响很小，同时工期较短、造价较低、效益显著。

深层搅拌法适用于加固较深、较厚的饱和黏土及软黏土，沼泽地带的泥炭土，粉质黏土和淤泥质土等。土类加固后多用于墙下条形基础及大面积堆料厂房下的地基。其施工要点如下。

（1）深层搅拌法的施工过程：深层搅拌机定位→预搅下沉→制配水泥浆→提升喷浆搅拌→重复上、下搅拌→清洗→移至下一根桩位。重复工序直至施工完成。

（2）施工时，先将深层搅拌机用钢丝绳吊挂在起重机上，用输浆胶管将贮料罐、砂浆泵同深层搅拌机接通，开动电机，搅拌机叶片相向而转，以 0.38 ~ 0.75m / min 的速度沉至要求加固深度；再以 0.3 ~ 0.5m / min 的均匀速度提升搅拌机，与此同时开动砂浆泵，将砂浆从搅拌机中心管不断压入土中，由搅拌机叶片将水泥浆与深层处的软土搅拌，边搅拌边喷浆，直至提升地面，即完成一次搅拌过程。用同法再一次重复搅拌下沉和重复搅拌喷浆上升，即完成一根柱状加固体，外形呈"8"字形，一根接一根搭接，即成壁状加固体，几个壁状加固体连成一片即形成块体。

（3）施工中要控制搅拌机的提升速度，使其连续匀速以便控制注浆量，保证搅拌均匀。

（4）每天加固完毕，应用水清洗储料罐、砂浆泵、深层搅拌机及相应管道，以备再用。

第二节 浅基础施工

基础的类型与建筑物的上部结构形式、荷载大小、地基的承载能力、地基土的地质与水文情况、基础选用的材料性能等因素有关，构造方式也因基础样式及选用材料的不同而不同。浅基础一般是指基础埋深为 3～5m，或者埋深小于基础宽度的基础，且通过排水、挖槽等普通施工即可建造的基础。

一、浅基础的类型

浅基础按受力特点可分为刚性基础和柔性基础。用抗压强度较大，而抗弯、抗拉强度较小的材料建造的基础，如砖、毛石、灰土、混凝土、三合土等基础均属于刚性基础。用钢筋混凝土建造的基础属于柔性基础。

浅基础按构造形式可分为单独基础、带形基础、交梁基础、筏形基础等。单独基础也称独立基础，其是柱下基础常用形式，截面可做成阶梯形或锥形等。带形基础是指长度远大于其高度和宽度的基础，常见的是墙下条形基础，材料有砖、毛石、混凝土和钢筋混凝土等。交梁基础是在柱下带形基础不能满足地基承载力要求时，将纵横带形基础连成整体而成，使基础纵横两向均具有较大的刚度。当柱子或墙体传递荷载过大，且地基土较软弱，采用单独基础或条形基础都不能满足地基承载力要求时，往往需要将整个房屋底面做成整体连续的钢筋混凝土板，作为房屋的基础，称为筏形基础。

浅基础按材料不同可分为砖基础、毛石基础、灰土基础、碎砖三合土基础、混凝土基础和钢筋混凝土基础。

二、常见刚性基础施工

刚性基础所用的材料，如砖、石、混凝土等，其抗压强度较高，但抗拉及抗剪强度偏低。因此，用此类材料建造的基础，应保证其基底只受压、不受拉。由于受到压力的影响，基底应比基顶墙（柱）宽些。根据材料受力的特点，不同材料构成的基础，其传递压力的角度也不同。刚性基础中压力分布角 α 称为刚性角。在设计中，应尽量使基础大放脚与基础材料的刚性角相一致，以确保基础底面不产生拉应力，最大限度地节约基础材料。

（一）毛石基础

毛石基础是用强度较高而未风化的毛石砌筑的。毛石基础具有强度较高、抗冻、耐水、经济等特点。毛石基础的断面尺寸多为阶梯形，并常与砖基础共用作为砖基础的底层。为保证黏结紧密，每一阶梯宜用三排或三排以上的毛石砌筑，由于毛石基础尺寸较大，毛石基础的宽度及台阶高度不应小于400mm。

（1）毛石基础应采用铺浆法砌筑，砂浆必须饱满，叠砌面的粘灰面积（砂浆饱和度）应大于80%。

（2）砌筑毛石基础的第一皮石块应坐浆，并将石块的大面朝下，毛石基础的转角处、交接处应采用较大的平毛石砌筑。

（3）毛石基础宜分皮卧砌，各皮石块之间应利用毛石自然形状经敲打修整使其能与先砌毛石基本吻合、搭砌紧密；毛石应上下错缝，内外搭砌，不得采用先砌外面侧立毛石、后中间填心的砌筑方法。

（4）毛石基础的灰缝厚度宜为20～30mm，石块间不得有相互接触现象。石块间较大的空隙应先填塞砂浆后用碎石块嵌实，不得采用先摆碎石块后塞砂浆或干填碎石块的方法。

（5）毛石基础的扩大部分，如做成阶梯形，上级阶梯的石块应至少压砌下级阶梯石块的1/2，相邻阶梯的毛石应相互错缝搭砌；对于基础临时间断处，应留阶梯形斜槎，其高度不应超过1.2m。

（二）砖基础

砖基础具有就地取材、价格便宜、施工简便等特点，在干燥和温暖地区应用广泛。其施工要点如下。

（1）砖基础一般下部为大放脚，上部为基础墙。大放脚可分为等高式和间隔式。等高式大放脚是每砌两皮砖，两边各收进1/4砖长（60mm）；间隔式大放脚是每砌两皮砖及一皮砖，交替砌筑，两边各收进1/4砖长（60mm），但最下面应为两皮砖。

（2）砖基础大放脚一般采用一顺一丁砌筑形式，即一皮顺砖与一皮丁砖相间、上下皮竖向灰缝相互错开60mm。砖基础的转角处、交接处，为错缝需要应加砌配砖（3/4砖、半砖或1/4砖）。

（3）砖基础的水平灰缝厚度和竖向灰缝厚度宜为10mm，水平灰缝的砂浆饱满度不得小于80%。

（4）当砖基础底面标高不同时，应从低处砌起，并应由高处向低处搭砌；当设计无要求时，搭砌长度不应小于砖基础大放脚的高度。

（5）砖基础的转角处和交接处应同时砌筑，当不能同时砌筑时应留成斜槎。基础墙的防潮层应采用1:2水泥砂浆。

（三）混凝土基础

混凝土基础具有坚固、耐久、耐水、刚性角大、可根据需要任意改变形状的特点，常用于地下水水位较高、受冰冻影响的建筑。混凝土基础台阶宽高比为1 : 1 ~ 1 : 1.5，实际使用时可把基础断面做成梯形或阶梯形。

三、常见柔性基础施工

刚性基础受其刚性角的限制，若基础宽度大，相应的基础埋深也随之加大，这样会增加材料消耗和挖方量，也会影响施工工期。在混凝土基础底部配置受力钢筋，利用钢筋受拉使基础承受弯矩，如此也就可不受刚性角的限制，所以钢筋混凝土基础也称柔性基础。采用钢筋混凝土基础比混凝土基础可节省大量的混凝土材料和挖土工程量。

常用的柔性基础包括独立柱基础、条形基础、杯形基础、筏形基础、箱形基础等。

钢筋混凝土基础断面可做成梯形，高度不小于200mm，也可做成阶梯形，每踏步高度为300 ~ 500mm。通常情况下，钢筋混凝土基础下面设有C10或C15素混凝土垫层，厚度为100mm；无垫层时，钢筋保护层厚度为75mm，以保护受力钢筋不锈蚀。

（一）独立柱基础

常见独立柱基础的形式有矩形、阶梯形、锥形等。

独立柱基础施工工艺流程：清理、浇筑混凝土垫层→钢筋绑扎→支设模板→清理→混凝土浇筑→已浇筑完的混凝土，应在12h左右覆盖和浇水→模板拆除。

（二）条形基础

常见条形基础形式有锥形板式、锥形梁板式、矩形梁板式等。条形基础的施工工艺流程，与独立柱基础施工工艺流程十分近似。其施工要点如下。

（1）当基础高度在900mm以内时，插筋伸至基础底部的钢筋网上，并在端部做成直弯钩；当基础高度较大，位于柱子四角的插筋应伸至基础底部，其余的钢筋只需伸至锚固长度即可。插筋伸出基础部分长度应按柱的受力情况及钢筋规格确定。

（2）钢筋混凝土条形基础，在T形、L形与"十"字交接处的钢筋沿一个主要受力方向通长设置。

（3）浇筑混凝土时，时常观察模板、螺栓、支架、预留孔洞和预埋管有无位移情况，一经发现立即停止浇筑，待修整和加固模板后再继续浇筑。

（三）杯形基础

其施工要点如下。

（1）将基础控制线引至基槽下，做好控制桩，并核实准确。

（2）将垫层混凝土振捣密实，表面抹平。

（3）利用控制桩定位施工控制线、基础边线至垫层表面，复查地基垫层标高及中心线位置，确定无误后，绑扎基础钢筋。

（4）自下而上支设杯基第一层、第二层外侧模板并加固，外侧模板一般用钢模现场拼制。

（5）支设杯芯模板，杯芯模板一般用木模拼制。

（6）模板与钢筋的检验，做好隐蔽验收记录。

（7）施工时应先浇筑杯底混凝土，在杯底一般有50mm厚的细石混凝土找平层，应仔细留出。

（8）分层浇筑混凝土。浇筑混凝土时，须防止杯芯模板上浮或向四周偏移，注意控制坍落度（最好控制在70～90mm）及浇筑下料速度，在混凝土浇筑到高于上层侧模50mm左右时，稍做停顿，在混凝土初凝前，接着在杯芯四周对称均匀下料振捣。特别注意混凝土必须连续浇筑，在混凝土分层时须把握好初凝时间，保证基础的整体性。

（9）杯芯模板拆除视气温情况而定。在混凝土初凝后终凝前，将模板分体拆除或用撬棍撬动杯芯模板拆除，须注意拆模时间，以免破坏杯口混凝土，并及时进行混凝土养护。

第三节　预制桩施工

预制桩按传力和作用性质的不同，可分为端承桩和摩擦桩两类。端承桩是指穿过软弱土层并将建筑物的荷载直接传给桩端的坚硬土层的桩。摩擦桩是指沉入软弱土层一定深度，将建筑物的荷载传递到四周的土中和桩端下的土中，主要是靠桩身侧面与土之间的摩擦力承受上部结构荷载的桩。

预制桩按施工方法不同分为预制桩和灌注桩两类。预制桩是在工厂或施工现场成桩，而后用沉桩设备将桩打入、压入、高压水冲入、振入或旋入土中。其中，锤击打入和压入法是较常见的两种方法。

灌注桩是在桩位上直接成孔，然后在孔内安放钢筋笼，浇筑混凝土而成桩。根据成孔方法的不同，可分为钻孔、冲孔、沉管桩、人工挖孔桩及爆扩桩等。

钢筋混凝土预制桩的施工，主要包括制作、起吊、运输、堆放和沉桩—接桩等过程。

一、预制桩的制作和桩的起吊、运输、堆放

（一）预制桩的制作

预制桩主要分为混凝土方桩、预应力混凝土管桩、钢管和型钢钢桩等，预制桩具有能承受较大的荷载、坚固耐久、施工速度快等优点。

钢筋混凝土预制桩可分为管桩和实心桩两种，可制作成各种需要的断面及长度，承载能力较大，制作及沉桩工艺简单，不受地下水水位高低的影响，是目前工程上应用最广的一种桩。管桩为空心桩，由预制厂用离心法生产，管桩截面外径为 400～500mm；实心桩一般为正方形断面，常用断面边长为 200mm×200mm～550mm×550mm。单根桩的最大长度，根据打桩架的高度确定。30m 以上的桩可将桩制成几段，在打桩过程中逐段接长；如在工厂制作，每段长度不宜超过 12m。

钢筋混凝土预制桩可在工厂或施工现场预制。一般较长的桩在打桩现场或附近场地预制，较短的桩多在预制厂生产。

钢筋混凝土预制桩制作程序为：现场布置→场地平整→支模→绑扎钢筋、安设吊环→浇筑混凝土→养护至 30% 强度拆模→再支上层模板→涂刷隔离剂；同法制作第二层混凝土，养护至 70% 强度起吊，达 100% 强度运输、堆放沉桩。

预制桩的制作质量除应符合有关规定的允许偏差规定外，还应符合下列要求：

（1）预制桩的表面应平整、密实，掉角的深度不应超过 10mm，且局部蜂窝和掉角的缺损总面积不得超过该桩表面全部面积的 0.5%，同时，不得过分集中。

（2）混凝土收缩产生的裂缝深度不得大于 20mm，宽度不得大于 0.25mm；横向裂缝长度不得超过边长的 50%（圆桩或多边形桩不得超过直径或对角线的 1 / 2）。

（3）桩顶和桩尖处不得有蜂窝、麻面、裂缝和掉角。

（二）预制桩的起吊、运输和堆放

1. 预制桩的起吊

预制桩在混凝土达到设计强度的 70% 后方可起吊，如需提前吊运和沉桩，则必须采取措施并经强度和抗裂度验算合格后方可进行。预制桩在起吊和搬运时，必

须做到平稳，并不得损坏棱角，吊点应符合设计要求。如无吊环，设计又未做规定，可按吊点间的跨中弯矩与吊点处的负弯矩相等的原则来确定吊点位置。

2.预制桩的运输

混凝土预制桩达到设计强度的100%，方可运输。当预制桩在短距离内搬运时，可在桩下垫以滚筒，用卷扬机拖桩拉运；当桩需长距离搬运时，可采用平板拖车或轻轨平板车拖运。桩在搬运前，必须先进行制作质量的检查；桩经搬运后再进行外观检查，所有质量均应符合规范的有关规定。

3.预制桩的堆放

预制桩堆放时，应按规格、桩号分层叠置在平整、坚实的地面上，支承点应设在吊点处或附近，上下层垫块应在同一直线上，堆放层数不宜超过4层。

二、锤击沉桩（打入桩）施工

锤击沉桩（打入桩）施工是利用桩锤下落产生的冲击能量，将桩沉入土中。锤击沉桩是钢筋混凝土预制桩最常见的沉桩方法。

（一）施工前的准备工作

（1）整平场地，清除桩基范围内的高空、地面、地下障碍物；架空高压线，距离打桩机不得小于10m；修设打桩机进出、行走道路，做好排水措施。

（2）按图样布置进行测量放线，定出桩基轴线。先定出中心，再引出两侧，并将桩的准确位置测设到地面，每一个桩位打一个小木桩；测出每个桩位的实际标高，场地外设2个或3个水准点，以便随时检查之用。

（3）检查桩的质量，将需用的桩按平面布置图堆放在打桩机附近，不合格的桩不能运至打桩现场。

（4）检查打桩机设备及起重工具；铺设水电管网，进行设备架立、组装和试打桩；在桩架上设置标尺或在桩的侧面画上标尺，以便能观测桩身入土深度。

（5）当打桩场地建（构）筑物有防振要求时，应采取必要的防护措施。

（6）学习、熟悉桩基施工图样，并进行会审；做好技术交底，特别是地质情况、设计要求、操作规程和安全措施的交底。

（7）准备好桩基工程沉桩记录和隐蔽工程验收记录表格，并安排好记录和监理人员等。

（二）打桩设备及选择

打桩设备包括桩锤、桩架和动力装置。

1. 桩锤

桩锤是对桩施加冲击力，将桩打入土中的主要机具。施工中常用的桩锤有落锤、单动汽锤、双动汽锤、柴油桩锤、振动桩锤和液压桩锤。用锤击法沉桩时，选择桩锤是关键，应根据施工条件先确定桩锤的类型，然后确定桩锤的重量，桩锤的重量应不小于桩重。打桩时宜"重锤低击"，即锤的重量大而落距小。这样，桩锤不易回跳，桩头不容易损坏，而且容易将桩打入土中。

2. 桩架

桩架是将桩吊到打桩位置，并在打桩过程中保证桩的方向不发生偏移，保证桩锤能沿要求的方向冲击的装置。桩架的种类和高度，应根据桩锤的种类、桩的长度、施工地点的条件等，综合考虑确定。目前应用最多的是轨道式桩架、步履式桩架和悬挂式桩架。

(1) 轨道式桩架

其主要包括底盘、导向杆、斜撑滑轮组和动力设备等。其优点是：适应性和机动性较大，在水平方向可 360° 回转，导架可伸缩和前后倾斜。底盘上的轨道轮可沿着轨道行走。这种桩架可用于各种预制桩和灌注桩的施工。其缺点是：结构比较庞大，现场组装和拆卸、转运较困难。

(2) 步履式桩架

步履式打桩机以步履方式移动桩位和回转，不需枕木和钢轨，机动灵活，移动方便，打桩效率高。

(3) 悬挂式桩架

其以履带式起重机为底盘，增加了立柱、斜撑、导杆等。此种桩架性能灵活、移动方便，可用于各种预制桩和灌注桩的施工。

3. 动力装置

动力装置的配置根据所选的桩锤性质决定，当选用蒸汽锤时，需配备蒸汽锅炉和卷扬机。

(三) 打桩施工

1. 确定打桩顺序

打桩顺序直接影响打桩工程质量和施工进度。确定打桩顺序时，应综合考虑桩基础的平面布置、桩的密集程度、桩的规格和桩架移动方便等因素。当基坑不大时，打桩顺序一般分为自中间向两侧对称施打、自中间向四周施打、由一侧向单一方向逐排施打。自中间向两侧对称施打和自中间向四周施打这两种打桩顺序，适用于桩较密集、桩距 $\geq 4d$（桩径）时的打桩施工，如图 5-1（a）（b）所示，打桩时土由中央向两侧或四周挤压，易于保证打桩工程质量。由一侧向单一方向逐排施打，适用于桩不太密集，桩距＞4d（桩径）时的打桩施工，如图5-1（c）所示，打桩时桩架单向移动，打桩效率高，但这种打法使土向一个方向挤压，地基土挤压不均匀，导致后面桩的打入深度逐渐减小，最终引起建筑物的不均匀沉降。当基坑较大时，应将基坑分为数段，在各段内分别进行。

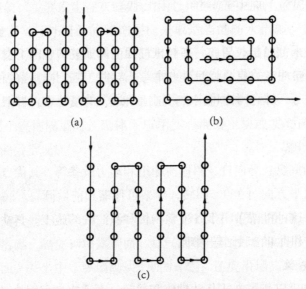

图5-1 打桩顺序

(a)自中间向两侧对称施打；(b)自中间向四周施打；

(c)由一侧向单一方向(逐排)施打

另外，当桩的规格、埋深和长度不同时，打桩顺序宜先大后小、先深后浅和先长后短；当一侧毗邻建筑物时，应由毗邻建筑物一侧向另一方向施打；当桩头高出地面时，宜采取后退施打。

2.确定打桩的施工工艺

打桩的施工程序包括：桩机就位、吊装、打桩、送桩、接桩、拔桩、截桩（桩头处理）等。

（1）桩机就位

就位时桩架应垂直、平稳，导杆中心线与打桩方向一致，并检查桩位是否正确。

（2）吊装

桩基就位后，将桩运至桩架下，用桩架上的滑轮组将桩提升就位（吊桩）。吊桩时吊点的位置和数量与桩预制起吊时相同。当桩送至导杆内时，校正桩的垂直度，其偏差不得超过0.5%，然后固定桩帽和桩锤，使桩帽和桩锤在同一铅垂线上，确保桩的垂直下沉。

（3）打桩

打桩开始时，锤的落距不宜过大，当桩入土一定深度且稳定后，桩尖不易发生偏移时，可适当增大落距，并逐渐提高到规定的数值。打桩宜"重锤低击"。重锤低击时，桩锤对桩头的冲击小，回弹也小，桩头不易损坏，将大部分能量用于克服桩身与土的摩阻力和桩尖阻力，桩就能较快地沉入土中。

（4）送桩

当桩顶标高低于自然地面时，需用送桩管将桩送入土中，桩与送桩管的纵轴线应在同一直线上，拔出送桩管后，桩孔应及时回填或加盖。

（5）接桩

当设计桩较长，需分段施打时，则需在现场进行接桩。常见的接桩方法有焊接法、法兰连接法和浆锚法。前两种适用于各类土层，后一种适用于软土层。

（6）拔桩

在打桩过程中，打坏的桩须拔掉。拔桩的方法视桩的种类、大小和打入土中的深度而定。一般较轻的桩或打入松软土中的桩，或深度在 $1.5 \sim 2.5 \mathrm{m}$ 以内的桩，可以用一根圆木杠杆来拔出；较长的桩，可用钢丝绳绑牢，借助桩架或支架利用卷扬机拔出，也可用千斤顶或专门的拔桩机进行拔桩。

（7）截桩（桩头处理）

为使桩身和承台连为整体，构成桩基础，当打完桩后经过有关人员验收，即应开挖基坑（槽），按设计要求的桩顶标高，将桩头多余部分凿去（可人工或用风镐），但不得打裂桩身混凝土，并保证桩顶嵌入承台梁内的长度不小于 5cm。当桩主要承受水平力时，不小于 10cm，主筋上粘的碎块混凝土要清除干净。

当桩顶标高低于设计标高时，应将桩顶周围的土挖成喇叭口，把桩头表面凿毛，剥出主筋并焊接接长，与承台主筋绑扎在一起，然后与承台一起浇筑混凝土。

第四节　混凝土灌注桩施工

钢筋混凝土灌注桩是直接在施工现场桩位上采用机械或人工等方法成孔，然后在孔内安放钢筋笼，浇筑混凝土而成的桩。与预制桩相比，具有低噪声、低振动、挤土影响小、节约材料、无须接桩和截桩且桩端能可靠地进入持力层、单桩承载力大等优点。但灌注桩成桩工艺较复杂，施工速度较慢，施工操作要求严格，成桩质量与施工好坏关系密切。

混凝土灌注桩按成孔方法的不同，可分为干作业成孔灌注桩、泥浆护壁成孔灌注桩、套管成孔灌注桩和爆扩成孔灌注桩四种。常用的是干作业成孔和泥浆护壁成孔灌注桩，不同桩型适用的地质条件见表 5-1。

表 5-1　灌注桩适用范围

项目		适用范围
干作业成孔	人工手摇钻	地下水水位以上的黏性土、黄土及人工填土
	螺旋钻	地下水水位以上的黏性土、砂土及人工填土
	螺旋钻孔扩底	地下水水位以上的坚硬、硬塑的黏性土及中密以上的砂土
泥浆护壁成孔	冲抓冲击回转钻	碎石土、砂土、黏性土及风化岩
	潜水钻	黏性土、淤泥、淤泥质土及砂土
套管成孔	锤击振动	可塑、软塑、流塑的黏性土，稍密及松散的砂土
爆扩成孔		地下水水位以上的黏性土、黄土、碎石土及风化岩

一、干作业成孔灌注桩

干作业成孔灌注桩是先用钻机在桩位处进行钻孔，然后将钢筋骨架放入桩孔内，再浇筑混凝土而成的桩。干作业成孔灌注桩适用于地下水水位以上的填土层、黏性土层、粉土层、砂土层和粒径不大的砂砾层。

（一）螺旋钻成孔灌注桩

螺旋成孔机利用动力旋转钻杆，钻杆带动钻头上的螺旋叶片旋转切削土层，土渣沿螺旋叶片上升排出孔外。螺旋成孔机成孔直径一般为 300 ~ 600mm，钻孔深度为 8 ~ 12m。

钻杆按叶片螺距的不同，可分为密螺纹叶片和疏螺纹叶片。密螺纹叶片适用于可塑或硬塑黏土或含水量较小的砂土，钻进时速度缓慢而均匀；疏螺纹叶片适用于含水量大的软塑土层，由于钻杆在相同转速时，疏螺纹叶片较密螺纹叶片土渣向上推进快，所以可取得较快的钻进速度。

螺旋成孔机成孔灌注桩施工流程：钻孔→检查成孔质量→孔底清理→盖好孔口盖板→移桩机至下一桩位→移走盖口板→复测桩孔深度及垂直度→安放钢筋笼→放混凝土串筒→浇筑混凝土→插桩顶钢筋。

钻进时要求钻杆垂直，在钻孔过程中，当发现钻杆摇晃或进钻困难时，可能是遇到石块等硬物，应立即停车检查，及时处理，以免损坏钻具或导致桩孔偏斜。

施工中，如发现钻孔偏斜，应提起钻头上下反复扫钻数次，以便削去硬土。如纠正无效，应在孔中回填黏土至偏孔处以上 0.5m，再重新钻进；如成孔时发生塌孔，宜钻至塌孔处以下 1～2m 处，用低强度等级的混凝土填至塌孔以上 1m 左右，待混凝土初凝后再继续下钻，钻至设计深度，也可用 3∶7 的灰土代替混凝土。

在钻孔达到要求深度后，应进行孔底土清理，即钻到设计深度后，必须在深处进行空转清土，然后停止转动，提钻杆，不得回转钻杆。

提钻后应检查成孔质量：用测绳（锤）或手提灯测量孔深垂直度及虚土厚度。虚土厚度等于测量深度与钻孔深的差值，虚土厚度一般不应超过 100mm。清孔时，若少量浮土泥浆不易清除，可投入 25～60mm 厚的卵石或碎石插捣，以挤密土体；也可用夯锤夯击孔底虚土或用压力在孔底灌入水泥浆，以减少桩的沉降和提高其承载力。

钻孔完成后，应尽快吊放钢筋笼并浇筑混凝土。混凝土应分层浇筑，每层高度不得大于 1.5m，混凝土的坍落度在一般黏性土中为 50～70mm，在砂类土中为 70～90mm。

（二）螺旋钻孔压浆成桩法

螺旋钻孔压浆成桩是指用螺旋钻杆钻到预定的深度后，通过钻杆芯管底部的喷嘴，自孔底由下而上向孔内高压喷射以水泥浆为主剂的浆液，使液面升至地下水水位或无塌孔危险的位置以上；提起钻杆后，在孔内安放钢筋笼并在孔口通过漏斗投放集料；最后，再自孔底向上多次高压补浆即成。

螺旋钻孔压浆成桩法的施工特点是连续一次成孔，多次自下而上高压注浆成桩，既具有无噪声、无振动、无排污的优点，又能在流砂、卵石、地下水、易塌孔等复杂地质条件下顺利成桩，而且由于其扩散渗透的水泥浆而大大提高了桩体的质量，其承载力为一般灌注桩的 1.5～2 倍，在国内很多工程中已经得到成功应用。

二、泥浆护壁成孔灌注桩

（一）施工工艺

1. 成孔

（1）机具就位平整、垂直，护筒埋设牢固并且垂直，保证桩孔成孔的垂直。

（2）要控制孔内的水位高于地下水水位 1.0m 左右，防止因地下水水位过高引起坍孔。

（3）发现轻微坍孔的现象时，应及时调整泥浆的相对密度和孔内水头。泥浆的相对密度因土质情况的不同而不同，一般控制在 1.1～1.5 的范围内。成孔的快慢与土质有关，应灵活掌握钻进的速度。

（4）成孔时发现难以钻进或遇到硬土、石块等，应及时检查，以防桩孔出现严重的偏斜、位移等。

2. 护筒埋设

（1）护筒内径应大于钻头直径，用回转钻时宜大于100mm；用冲击钻时宜大于200mm。

（2）护筒位置应埋设正确和稳定，护筒与坑壁之间应用黏土填实，护筒中心与桩位中心线偏差不得大于20mm。

（3）护筒埋设深度：在黏性土中不宜小于1m，在砂土中不宜小于1.5m，并应保持孔内泥浆面高出地下水水位1m以上。

（4）护筒埋设可采用打入法或挖埋法。前者适用于钢护筒；后者适用于混凝土护筒。护筒口一般高出地面30～40cm或地下水水位1.5m以上。

3. 护壁泥浆与清孔

（1）当孔壁土质较好不易塌孔时可用空气吸泥机清孔。

（2）用原土造浆的孔，清孔后泥浆的相对密度应控制在1.1左右。

（3）孔壁土质较差时，宜用泥浆循环清孔。清孔后的泥浆相对密度应控制在1.15～1.25。泥浆取样应选在距离孔20～50cm处。

（4）第一次清孔在提钻前，第二次清孔应在沉放钢筋笼、下导管以后。

（5）浇筑混凝土前，桩孔沉渣允许厚度为：以摩擦力为主时，允许厚度不得大于150mm；以端承力为主时，允许厚度不得大于50mm。以套管成孔的灌注桩不得有沉渣。

4. 钢筋骨架制作与安装

（1）钢筋骨架的制作应符合设计与规范的要求。

（2）长桩骨架宜分段制作，分段长度应根据吊装条件和总长度计算确定，并应确保钢筋骨架在移动、起吊时不变形，相邻两段钢筋骨架的接头需按有关规范要求错开。

（3）应在钢筋骨架外侧设置控制保护层厚度的垫块，可采用与桩身混凝土等强度的混凝土垫块或用钢筋焊在竖向主筋上，其间距竖向为2m，横向圆周不得少于4处，并均匀布置。骨架顶端应设置吊环。

（4）大直径钢筋骨架制作完成后，应在内部加强箍上设置十字撑或三角撑，确保钢筋骨架在存放、移动、吊装过程中不变形。

（5）骨架入孔一般用吊车，对于小直径桩，无吊车时可采用钻机钻架、灌注塔架等。起吊应按骨架长度的编号入孔，起吊过程中应采取措施，确保骨架不变形。

（6）钢筋骨架的制作和吊放的允许偏差：主筋间距±10mm；箍筋间距±20mm；

骨架外径 ±10mm；骨架长度 ±50mm；骨架倾斜度 ±0.5%；骨架保护层厚度水下灌注 ±20mm，非水下灌注 ±10mm；骨架中心平面位置 ±20mm；骨架顶端高程 ±20mm；骨架底面高程 ±50mm。

（7）搬运和吊装时应防止变形，安放要对准孔位，避免碰撞孔壁，并且，就位后应立即固定。钢筋骨架吊放入孔时应居中，防止碰撞孔壁；钢筋骨架吊放入孔后，应采用钢丝绳或钢筋固定，使其位置符合设计及规范要求，并保证在安放导管、清孔及灌注混凝土过程中不发生位移。

5. 混凝土浇筑

（1）当混凝土开始灌注时，漏斗下的封水塞可采用预制混凝土塞、木塞或充气球胆。

（2）当混凝土运至灌注地点时，应检查其均匀性和坍落度。如不符合要求，应进行第二次拌和。二次拌和后仍不符合要求时，不得使用。

（3）第二次清孔完毕，检查合格后应立即进行水下混凝土灌注，其时间间隔不宜大于30min。

（4）首批混凝土灌注后，混凝土应连续灌注，严禁中途停止。

（5）在灌注过程中，应经常探测井孔内混凝土面的位置，及时调整导管埋深，导管埋深宜控制在2~6m。严禁导管提出混凝土面，要有专人测量导管埋深及管内外混凝土面的高差，填写水下混凝土灌注记录。

（6）在灌注过程中，应时刻注意观测孔内泥浆返出情况，仔细听导管内混凝土的下落声音，如有异常，必须采取相应的处理措施。

（7）在灌注过程中，宜使导管在一定范围内上下窜动，防止混凝土凝固，增加灌注速度。

（8）为防止钢筋骨架上浮，当灌注的混凝土顶面距钢筋骨架底部1m左右时，应降低混凝土的灌注速度。当混凝土拌和物上升到骨架底口4m以上时，提升导管，使其底口高于骨架底部2m以上，这时即可恢复正常灌注速度。

（9）灌注的桩顶标高应比设计标高高出一定高度，一般为0.5~1.0m，以保证桩头混凝土强度，多余部分在接桩前必须凿除，桩头应无松散层。

（10）在灌注将近结束时，应核对混凝土的灌入数量，以确保所测混凝土的灌注高度是否正确。

（11）开始灌注时，应先搅拌0.5~1.0m³与混凝土强度等级相同的水泥砂浆，放在斗的底部。

（二）施工中常见的问题和处理方法

1. 护筒冒水

护筒外壁冒水如不及时处理，严重者会造成护筒倾斜和位移、桩孔偏斜，甚至无法施工。冒水原因为埋设护筒时周围填土不密实，或者由于起落钻头时碰动了护筒。处理办法：如初发现护筒冒水，可用黏土在护筒四周填实加固；如护筒严重下沉或位移，则返工重埋。

2. 孔壁坍塌

在钻孔过程中，若在排出的泥浆中不断有气泡，有时护筒内的水位突然下降，则是塌孔的迹象。其原因是土质松散、泥浆护壁不好、护筒水位不高等。处理办法：如在钻孔过程中出现缩颈、塌孔，应保持孔内水位，并加大泥浆相对密度，以稳定孔壁；如缩颈、塌孔严重或泥浆突然漏失，应立即回填黏土，待孔壁稳定后，再进行钻孔。

3. 钻孔偏斜

造成钻孔偏斜的原因是钻杆不垂直、钻头导向部分太短、导向性差、土质软硬不一或遇上孤石等。处理办法：减慢钻速，并提起钻头，上下反复扫钻几次，以便削去硬层，转入正常钻孔状态。如在孔口不深处遇到孤石，可用取岩钻除去或低锤密击将石击碎。

三、套管成孔灌注桩

套管成孔灌注桩是指用锤击或振动的方法，将带有预制混凝土桩尖或钢活瓣桩尖的钢套管沉入土中，到达规定的深度后，立即在管内浇筑混凝土或管内放入钢筋笼后，再浇筑混凝土，随后拔出钢套管，并利用拔管时的冲击或振动，使混凝土捣实而形成的桩，故又称沉管或打拔管灌注桩。

套管成孔灌注桩具有施工设备较简单，桩长可随实际地质条件确定，经济效果好，尤其在有地下水、流砂、淤泥的情况下可使施工大大简化等优点。但其单桩承载能力低，在软土中易于产生颈缩，且施工过程中仍有挤土、振动和噪声，造成对邻近建筑物的危害影响等缺点，故除了尚在少数小型工程中使用外，现已较少采用该法施工。

套管成孔灌注桩按沉管的方法不同，又可分为振动沉管灌注桩和锤击沉管灌注桩两种。套管成孔灌注桩适用于一般黏性土、淤泥质土、砂土、人工填土及中密碎石土地基的沉桩。

（一）振动沉管灌注桩

1. 振动沉管灌注桩的施工工艺

（1）桩机就位

施工前，应根据土质情况选择适用的振动打桩机，桩尖采用活瓣式。施工时应先安装好桩机，将桩管对准桩位中心，桩尖活瓣合拢，放松卷扬机钢丝绳，利用振动机及桩管自重，将桩尖压入土中，勿使其偏斜，这样即可启动振动箱沉管。

（2）振动沉管

沉管过程中，应经常探测管内有无地下水或泥浆。如发现水或泥浆较多，应拔出桩管，检查活瓣桩尖缝隙是否过疏而漏进泥水。如过疏应加以修理，并用砂回填桩孔后重新沉管，如仍发现有少量水，一般可在沉入前先灌入 $0.1m^3$ 左右的混凝土或砂浆，封堵活瓣桩尖缝隙，再继续沉入。

沉管时，为了适应不同土质条件，常用加压方法来调整土的自振频率。桩尖压力改变可利用卷扬机滑轮钢丝绳，将桩架的部分重量传递到桩管上，并根据钢管沉入速度随时调整离合器，防止桩架抬起，发生事故。

（3）浇筑混凝土

桩管沉到设计位置后停止振动，用上料斗将混凝土灌入桩管内，一般应灌满或略高于地面。

（4）边拔管、边振动、边浇筑混凝土

开始拔管时，先启动振动箱片刻再拔管，并用吊铊探测确定桩尖活瓣已张开，混凝土已从桩管中流出后，方可继续抽拔桩管，边拔边振。拔管速度，活瓣桩尖不宜大于 2.5m／min；预制钢筋混凝土桩尖不宜大于 4m／min。拔管方法一般采用单打法，每拔起 0.5～1.0m 时停拔，振动 5～10s；再拔管 0.5～1.0m，振动 5～10s，如此反复进行，直至全部拔出。在拔管过程中，桩管内应至少保持 2m 以上高度的混凝土或不低于地面，可用吊铊探测，不足时要及时补灌，以防混凝土中断，形成缩颈。

振动灌注桩的中心距不宜小于桩管外径的 4 倍，相邻桩施工时，其间隔时间不得超过水泥的初凝时间。中间需停顿时，应将桩管在停歇前先沉入土中。

（5）安放钢筋笼或插筋。第一次浇筑至笼底标高，然后安放钢筋笼，再灌注混凝土至设计标高。

2. 施工要点

振动沉管施工法是在振动锤竖直方向往复振动作用下，桩管也以一定的频率和振幅产生竖向往复振动，减小桩管与周围土体间的摩阻力。当强迫振动频率与土体的自振频率相同时，土体结构因共振而破坏。与此同时，桩管受加压作用而沉入土中。在达到设计要求深度后，边拔管、边振动、边灌注混凝土和边成桩。

振动冲击施工法是利用振动冲击锤在冲击和振动的共同作用下，桩尖对四周的土层进行挤压，改变土体结构排列，使周围土层挤密，桩管迅速沉入土中。在达到设计标高后，边拔管、边振动、边灌注混凝土、边成桩。

振动沉管施工法、振动冲击沉管施工法一般有单打法、反插法、复打法等，应根据土质情况和荷载要求分别选用。单打法适用于含水量较少的土层，且宜采用预制桩尖；反插法及复打法适用于软弱饱和土层。

（1）单打法

即一次拔管法，拔管时每提升 0.5～1.0m，振动 5～10s，再拔管 0.5～1.0m，如此反复进行，直至全部拔出为止。一般情况下，振动沉管灌注桩均采用此法。

（2）复打法

在同一桩孔内进行两次单打，即按单打法制成桩后再在混凝土桩内成孔并灌注混凝土。采用此法可扩大桩径，大大提高桩的承载力。

（3）反插法

将套管每提升 0.5～1.0m，再下沉 0.3～0.5m，反插深度不宜大于活瓣桩尖长度的 2/3，如此反复进行，直至拔离地面。此法通过在拔管过程中反复向下挤压，可有效地避免颈缩现象，且比复打法经济、快速。

（二）锤击沉管灌注桩

1. 锤击沉管灌注桩的施工工艺

（1）桩机就位

将桩管对预先埋设在桩位上的预制桩对准桩尖或将桩管对准桩位中心，使它们三点合为一线，然后把桩尖活瓣合拢，放松卷扬机钢丝绳，利用桩机和桩管自重，将桩尖打入土中。

（2）锤击沉管

在检查桩管与桩锤、桩架等是否在一条垂直线上之后，看桩管垂直度偏差是否小于或等于 0.5%，可用桩锤先低锤轻击桩管，观察偏差是否在容许范围内，再正式施打，直至将桩管打入至设计标高或要求的贯入度。

（3）首次灌注混凝土

沉管至设计标高后，应立即灌注混凝土，尽量减少间隔时间；在灌注混凝土前，必须用吊铊检查桩管内无泥浆或无渗水后，再用吊斗将混凝土通过灌注漏斗灌入桩管内。

（4）边拔管、边锤击、边继续灌注混凝土

当混凝土灌满桩管后，便可开始拔管，一边拔管，一边锤击。拔管的速度要均匀，对一般土层以1m／min为宜，在软弱土层和软硬土层交界处，宜控制在0.3～0.8m／min；采用倒打拔管的打击次数，单动汽锤不得少于50次／min，自由落锤轻击（小落距锤击）不得少于40次／min；在管底未拔至桩顶设计标高前，倒打和轻击不得中断。在拔管过程中应向桩管内继续灌入混凝土，以满足灌注量的要求。

（5）放钢筋笼，继续灌注混凝土

当桩身配钢筋笼时，第一次灌注混凝土应先灌至笼底标高，然后放置钢筋笼，再灌混凝土至桩顶标高。第一次拔管高度应以能容纳第二次所需灌入的混凝土量为限，不宜拔得过高。在拔管过程中应有专用测锤或浮标，检查混凝土面的下降情况。

2. 施工要点

锤击沉管施工法是利用桩锤将桩管和预制桩尖（桩靴）打入土中，边拔管、边振动、边灌注混凝土、边成桩，在拔管过程中，由于保持对桩管进行连续低锤密击，使钢管不断受到冲击振动，从而密实混凝土。锤击沉管灌注桩的施工应该根据土质情况和荷载要求，分别选用单打法、复打法和反插法。

第六章　砌筑工程

第一节　扣件式钢管脚手架

扣件式钢管脚手架由立杆、水平杆、剪刀撑、抛撑、扫地杆、连墙件以及脚手板等组成。其特点是可根据施工需要灵活布置，构配件品种少，有利于施工操作，装卸方便，坚固耐用。

一、扣件式钢管脚手架的构配件

（一）钢管

脚手架钢管一般采用 $\phi 8.3 \times 3.6$mm（每米质量为3.85kg）或 $\phi 51 \times 3$mm 的焊接钢管。用于横向水平杆的钢管最大长度不应大于2.2m，立杆不应大于6.5m，每根钢管的最大质量不应超过25.8kg，以适合人工搬运。

钢管必须涂有防锈漆；钢管表面应平直光滑，不应有裂缝、结疤、分层、错位、硬弯、毛刺、压痕和深的划道；其允许偏差项目为：钢管外径（±0.30mm）；壁厚（±0.10mm）；端面切斜偏差（1.7mm）；外表面锈蚀深度（<0.5mm）；钢管端部弯曲（弯曲长度<1.5m，弯曲偏差≤5mm）；立杆弯曲（3~4m时，弯曲偏差≤12mm；4~6.5m时，弯曲偏差<20mm）；水平杆、斜杆（弯曲偏差<30mm）。

1. 立杆

平行于建筑物、垂直于水平面，是把脚手架载荷传递给基础的竖向受力杆件。

2. 水平杆

脚手架中的水平杆包括：

（1）纵向水平杆（大横杆）：平行于建筑物并在纵向水平连接各立杆，是承受并传递载荷给立杆的受力杆件；

（2）纵向水平扫地杆：连接立杆下端，距离底座下 $\phi 200$mm 处的纵向水平杆，起约束立杆底端在纵向发生位移的作用；

（3）横向水平杆（小横杆）：垂直于建筑物并在横向水平连接内、外排立杆，是

承受并传递载荷给纵向水平杆的受力杆件;

(4)横向水平扫地杆:连接立杆下端,是位于纵向水平扫地杆下方的横向水平杆,起约束立杆底端在横向发生位移的作用。

3. 剪刀撑

在脚手架外侧面成对设置的交叉斜杆,可增强脚手架的纵向刚度。

4. 抛撑

与脚手架外侧面斜交的杆件,可防止脚手架横向失稳。

5. 横向斜撑

设在脚手架内、外排立杆同一节间,由底层至顶层呈"之"字形连续布置的杆件,可增强脚手架的横向刚度。

(二)扣件

扣件是采用螺栓紧固的扣接连接件,一般为可锻铸铁或铸钢。其基本形式有三种:用于垂直交叉杆件间连接的直角扣件、用于平行或斜交杆件间连接的旋转扣件以及用于杆件对接连接的对接扣件。另外,还有根据抗滑要求增设的非连接用途的防滑扣件。扣件应进行防锈处理,有裂缝、变形的应严禁使用,出现滑丝的螺栓必须更换。扣件螺栓的拧紧扭力矩为40~60N·m,要求扭力矩达到65N·m时不得发生破坏。

(三)脚手板

脚手板可用钢、木、竹等材料制作,每块脚手板的质量不宜大于30kg。冲压钢脚手板是常用的一种脚手板,一般用厚为2mm的钢板压制而成,长为2~4m,宽为250mm,表面应有防滑措施。木脚手板可采用厚度不小于50mm的杉木板或松木制作,长为3~4m,宽为200~250mm,两端均应设镀锌钢丝箍两道,以防木脚手板端部破坏。竹脚手板宜采用毛竹或楠竹制成竹串片板及竹笆板。

(四)可调托撑

(1)可调托撑螺杆外径不得小于36mm,直径与螺距应符合现行国家标准《梯形螺纹第3部分:基本尺寸》的规定。

(2)可调托撑的螺杆与支托板焊接应牢固,焊缝高度不得小于6mm;可调托撑螺杆与螺母旋全长度不得少于5扣,螺母厚度不得小于30mm。

(3)可调托撑受压承载力设计值不应小于40kN,支托板厚不应小于5mm。

二、扣件式钢管脚手架的施工

(一) 施工准备

(1) 单位工程负责人应按施工组织设计中有关脚手架的要求,向架设和使用人员进行技术交底。

(2) 应按规范规定和施工组织设计的要求对钢管、扣件、脚手板等进行检查验收,不合格产品不得使用。

(3) 经检验合格的构配件应按品种、规格分类,堆放整齐、平稳,堆放场地不得有积水。

(4) 应清除搭设场地杂物,平整搭设场地,并使排水畅通。

(5) 当脚手架基础下有设备基础、管沟时,在脚手架使用过程中不应开挖,否则,必须采取加固措施。

(二) 地基与基础

脚手架地基与基础的施工,必须根据脚手架搭设高度、搭设场地的土质情况与现行国家标准《建筑地基基础工程施工质量验收规范》的有关规定进行。脚手架底座底面标高宜高于自然地坪 50mm。脚手架外侧应设排水沟,防止积水浸泡地基。脚手架基础经验收合格后,应按施工组织设计的要求放线定位。

(1) 30m 以下的脚手架。垫板应采用长度不小于 2 跨、宽度不小于 200mm、厚度不小于 50mm 的木板平行于墙面放置,在脚手架外侧挖一浅排水沟排除雨水。

(2) 超过 30m 的脚手架。采用道木支垫或在地基上加铺 20cm 厚道渣后铺混凝土预制块或硅酸盐砌块,在其上沿纵向铺放 12 ~ 16 号槽钢,将脚手架立杆坐于槽钢上。若脚手架地基为回填土,应按规定分层夯实,达到密实度要求,并自地面以下1m 深改作三七灰土。

(三) 搭设要点

(1) 搭设工艺流程。地基弹线、立杆定位→摆放扫地杆→竖立杆并与扫地杆扣紧→装扫地小横杆,并与立杆和扫地杆扣紧(固定立杆底端前应吊线确保立杆垂直)→每边竖起 3 ~ 4 根立杆后,随即装设第一步纵向水平杆(与立杆扣接固定)→安装第一步小横杆(小横杆,靠近立杆并与纵向水平杆扣接固定)→校正立杆垂直度和水平度,使其符合要求,按 40 ~ 60N·m 力拧紧扣件螺栓,形成脚手架的起始段,按上述要求依次向前延伸搭设,直至第一步架交圈完成。交圈后,再全面检查一遍脚手架质量和地基情况，严格确保设计要求和脚手架质量→安装第二步大横杆→安装第二步小横杆→加设临时斜撑杆 (加抛撑)，上端与第二步大横杆扣紧 (装设与柱连接杆后拆除)→安装第三步、第四步大横杆和小横杆→安装第二层与柱拉杆→接立杆→加设剪刀撑→装设作业层间横杆 (在脚手架横向杆之间架设的用于缩小铺板支撑跨度的横杆)→铺设脚手板，绑扎防护及挡脚板，立挂安全网。

(2) 脚手架必须配合施工进度搭设，一次搭设高度不应超过相邻连墙件以上两步。每搭完一步脚手架后，应按《建筑施工扣件式钢管脚手架安全技术规范》的规定校正步距、纵距、横距及立杆的垂直度。

(3) 立杆搭设规定：严禁将外径 48mm 与 51mm 的钢管混合使用；开始搭设立杆时，应每隔 6 跨设置一根抛撑，直至连墙件安装稳定后，方可根据情况拆除；当搭至有连墙件的构造点时，在搭设完该处的立杆、纵向水平杆、横向水平杆后，应立即设置连墙件。

(4) 纵向水平杆搭设规定：在封闭形脚手架的同一步中，纵向水平杆应四周交圈，用直角扣件与内外角部立杆固定。

(5) 横向水平杆搭设规定：双排脚手架横向水平杆的靠墙一端至墙装饰面的距离不宜大于 100mm。

(6) 连墙件、剪刀撑、横向斜撑等的搭设规定：当脚手架施工操作层高出连墙件两步时，应采取临时稳定措施，直到上一层连墙件搭设完后方可根据情况拆除；剪刀撑、横向斜撑搭设应随立杆、纵向和横向水平杆等同步搭设，各底层斜杆下端必须支承在垫块或垫板上。

(7) 扣件安装规定：对接扣件开口应朝上或朝内；各杆件端头伸出扣件盖板边缘的长度不应小于 100mm。

(8) 作业层、斜道的栏杆和挡脚板的搭设规定：栏杆和挡脚板均应搭设在外立杆的内侧；上栏杆上皮高度应为 1.2m；挡脚板高度不应小于 180mm；中栏杆应居中。

(四) 拆除规定

(1) 拆除作业必须由上而下逐层进行，严禁上下同时作业。

(2) 连墙件必须随脚手架逐层拆除，严禁先将连墙件整层或数层拆除后，再拆脚手架；分段拆除高差不应大于两步，如高差大于两步，应增设连墙件加固。

(3) 当脚手架拆至下部最后一根长立杆的高度 (约为 6.5m) 时，应先在适当位置搭设临时抛撑加固后，再拆除连墙件。

(4) 当脚手架采取分段、分立面拆除时，对不拆除的脚手架两端，应先按《建筑施工扣件式钢管脚手架安全技术规范》的规定设置连墙件和横向斜撑加固。

（五）脚手架的检查与验收

（1）脚手架及其地基基础应在下列阶段进行检查与验收

①基础完工后及脚手架搭设前；

②作业层上施加载荷前；

③每搭设完 6~8m 高度后；

④达到设计高度后；

⑤遇有六级大风与大雨后，寒冷地区开冻后；

⑥停用超过一个月。

（2）脚手架使用中，应定期检查下列项目

①杆件的设置和连接，连墙件、支撑、门洞桁架等的构造是否符合要求；

②地基是否积水、底座是否松动、立杆是否悬空；

③扣件螺栓是否松动；

④高度在 24m 以上的脚手架，其立杆的沉降与垂直度的偏差是否符合有关规定；

⑤安全防护措施是否符合要求；

⑥是否超载使用。

（六）安全管理

（1）脚手架搭拆人员必须是经过现行国家标准考核合格的专业架子工；上岗人员应定期体检，合格者方可持证上岗。

（2）搭设脚手架人员必须戴安全帽、系安全带、穿防滑鞋。

（3）脚手架的构配件质量与搭设质量，应按《建筑施工扣件式钢管脚手架安全技术规范》的有关规定进行检查验收，合格后方可使用，并按有关规定对脚手架进行定期安全检查与维护。

（4）作业层上的施工载荷应符合设计要求，不得超载；不得将模板支架、缆风绳、泵送混凝土和砂浆的输送管等固定在脚手架上；严禁悬挂起重设备。

（5）当有六级及六级以上大风和雾、雨、雪天气时，应停止脚手架搭设与拆除作业；雨、雪后上架作业应有防滑措施，并应扫除积雪。

（6）在脚手架使用期间，严禁拆除主节点处的纵、横向水平杆，纵、横向扫地杆和连墙件等杆件。

（7）尽量避免在脚手架基础及其邻近处进行挖掘作业，否则，应采取安全措施，并报主管部门批准。

（8）临街搭设脚手架时，外侧应有防止坠物伤人的防护措施。

（9）在脚手架上进行电、气焊作业时，必须有防火措施和专人看守。

（10）工地临时用电线路的架设及脚手架接地、避雷措施等，应按现行行业标准的有关规定执行。

（11）搭、拆脚手架时，地面应设围栏和警戒标志，并派专人看守，严禁非操作人员入内。

第二节　垂直运输设备

垂直运输设备是指担负垂直输送材料和施工人员上下的机械设备和设施。在砌筑施工过程中，各种材料（砖、砂浆）、工具（脚手架、脚手板）及各层楼板安装时，垂直运输量较大，都需要用垂直运输设备来完成。目前，砌筑工程中常用的垂直运输设备有塔式起重机、井字架、龙门架、建筑施工电梯等。

一、垂直运输设备的种类

（一）塔式起重机

塔式起重机具有提升、回转、水平运输等功能，不仅是重要的吊装设备，而且也是重要的垂直运输设备，尤其在吊运长、大、重的物料时有明显的优势，故在可能的情况下宜优先选用。

（二）井字架、龙门架

在垂直运输过程中，井字架的特点是稳定性好，运输量大，可以搭设较高的高度，是施工中最常用、最简便的垂直运输设备。

除用型钢或钢管加工的定型井架外，还有用脚手架材料搭设而成的井架。井架多为单孔井架，但也可构成两孔或多孔井架。

龙门架由两立柱和天轮梁（横梁）构成。立柱由若干个格构柱用螺栓拼装而成，而格构柱是用角钢及钢管焊接而成或直接用厚壁钢管构成门架。龙门架设有滑轮、导轨、吊盘、安全装置，以及起重索、缆风绳等。

（三）建筑施工电梯

目前，在高层建筑施工中常采用人货两用的建筑施工电梯，其吊笼装在井架外侧，沿齿条式轨道升降，附着在外墙或其他建筑物结构上，可载重货物 1.0 ~ 1.2t，亦可容纳 12 ~ 15 人。其高度随着建筑物主体结构的施工而接高，可达 100m。该施工电梯特别适用于高层建筑，也可用于高大建筑、多层厂房和一般楼房施工中的垂直运输。

二、垂直运输设备的设置要求

垂直运输设备的设置一般应根据现场施工条件满足以下一些基本要求。

（一）覆盖面和供应面

塔吊的覆盖面是指以塔吊的起重幅度为半径的圆形吊运覆盖面积。垂直运输设备的供应面是指借助于水平运输手段（手推车等）所能达到的供应范围。建筑工程的全部供应面应处于垂直运输设备的覆盖面和供应面的范围之内。

（二）供应能力

塔吊的供应能力等于吊次乘以吊量（每次吊运材料的体积、重量或件数）；其他垂直运输设备的供应能力等于运次乘以运量，运次应取垂直运输设备和与其配合的水平运输机具中的低值。另外，还需乘以 0.5 ~ 0.75 的折减系数，以考虑由于难以避免的因素对供应能力的影响（如机械设备故障等）。垂直运输设备的供应能力应能满足高峰工作量的需求。

（三）提升高度

设备的提升高度能力应比实际需要的升运高度高，其高出程度不少于 3m，以确保作业安全。

（四）水平运输手段

在考虑垂直运输设备时，必须同时考虑与其配合的水平运输手段。

（五）装设条件

垂直运输设备装设的位置应具有相适应的装设条件，如具有可靠的基础、结构拉结筋和水平运输通道条件等。

（六）设备效能的发挥

必须同时考虑满足施工需要和充分发挥设备效能的问题。当各施工阶段的垂直运输量相差悬殊时，应分阶段设置和调整垂直运输设备，及时拆除不需要的设备。

（七）设备拥有的条件和利用问题

充分利用现有设备，必要时添置或加工新的设备，在添置或加工新的设备时应考虑今后利用的前景。

（八）安全保障

安全保障是使用垂直运输设备的首要问题，必须引起高度重视。所有垂直运输设备都要严格按有关规定操作使用。

第三节　砌筑工程施工

砌体可分为砖砌体，主要有墙和柱；砌块砌体，多用于定型设计的民用房屋及工业厂房的墙体；石材砌体，多用于带形基础、挡土墙及某些墙体结构；配筋砌体，为在砌体水平灰缝中配置钢筋网片或在砌体外部的预留槽沟内设置竖向粗钢筋的组合砌体。

一、砌体施工准备工作

（一）砌筑砂浆

1. 砂浆的种类

砌筑砂浆有水泥砂浆、石灰砂浆和混合砂浆。水泥砂浆和混合砂浆可用于砌筑潮湿环境及强度要求较高的砌体，但对于湿土中的基础一般采用水泥砂浆。石灰砂浆宜用于砌筑干燥环境及强度要求不高的砌体，不宜用于潮湿环境的砌体及基础。

2. 砂浆材料的验收

砌筑砂浆使用的水泥品种及标号，应根据砌体部位和所处环境进行选择。不过期，不混用，进场使用前应分批对其强度、安定性进行复验；应用过筛洁净的中砂；采用熟化过的石灰，严禁用脱水硬化的石灰膏；砌筑用水应洁净；外加剂应经过检验和试配。

3. 砂浆强度

砂浆强度等级以标准养护［温度（20±5）℃、正常湿度条件下的室内不通风处养护］龄期为28天的试块抗压强度为准，分为M15、M10、M7.5、M5、M2.5共五个等级。

4. 砂浆搅拌

砂浆应尽量采用机械搅拌，自投料完算起，搅拌时间应符合下列规定：水泥砂浆和水泥混合砂浆不得少于2min；粉煤灰砂浆和掺用外加剂的砂浆不得少于3min；掺用微沫剂的砂浆，应为3～5min。

5. 砂浆使用时间限制

砂浆应随拌随用，水泥砂浆和水泥混合砂浆应分别在3h和4h内使用完毕。当施工期间最高气温超过30℃时，应分别在拌成后2h和3h内使用完毕。对掺有缓凝剂的砂浆，其使用时间可根据具体情况延长。如砂浆出现泌水现象应在砌筑前再次拌和。

（二）砌筑用砖

砌筑用砖有烧结普通砖、煤渣砖、烧结多孔砖、烧结空心砖、灰砂砖等。

1. 砖的检查

砖的品种、强度等级必须符合设计要求；有出厂合格证；使用前砖要送到实验室进行强度试验。

2. 浇水湿润

为避免干砖吸收砂浆中大量的水分而影响黏结力，使砂浆流动性降低、砌筑困难，影响砂浆的黏结力和强度，砖应提前1～2天浇水湿润，并应除去砖面上的粉末。烧结普通砖含水率宜为10%～15%，灰砂砖、粉煤灰砖含水率宜为5%～8%。浇水过多会产生砌体走样或滑动，检验时可将砖砍断，一般以水浸入砖四边（颜色较深）10～15mm为宜。

（三）其他准备工作

1. 定轴线和墙线位置

基础施工前，在建筑物主要轴线部位设置龙门板，标明基础轴线、底宽，墙身轴线及厚度、底层地面标高等。用准线和线坠将轴线及基础底宽放到基础垫层表面上。在楼层砌墙前，用经纬仪或线锤从下往上引测轴线。

2. 制作皮数杆

皮数杆用方木或角钢制作，其上画有每皮砖和砖缝厚度，以及竖向构造的变化部位。竖向构造包括基础皮数杆上有底层室内地面、防潮层、大放脚、洞口、管道、沟槽和预埋件等；墙身皮数杆上有楼面、门窗洞口、过梁、圈梁、楼板、梁及梁垫等。

二、石材砌体工程

天然石材具有抗压强度高、耐久性和耐磨性好、生产成本低等优点，常用于建筑物的基础、墙、勒脚、台阶、坡道、水池、花池、柱、拱、过梁以及挡土墙等。

常用的砌筑石材有毛石和料石。毛石为不规则形状，但其中间厚度不小于15cm，至少有一个方向的长度不小于30cm，平毛石应有两个大致平行的面。料石的宽度和厚度均不宜小于20cm，长度不宜大于厚度的4倍，形状应大致呈六面体。

石材强度等级：MU100、MU80、MU60、MU50、MU40、MU30、MU20、MU15、MU10。

（一）毛石砌体

毛石砌体应采用铺浆法砌筑，砌筑要求可概括为平、稳、满、错。

平：毛石砌体宜分皮卧砌。

稳：单块石料的安砌要求自身稳定。

满：砂浆必须饱满，叠砌面的黏灰面积应大于80%；砌体的灰缝厚度宜为20～30mm，石块间不得有相互接触现象。毛石块之间的较大空隙应先填塞砂浆，然后再嵌实碎石块。

错：毛石应上下错缝、内外搭砌。不得采用外面侧立毛石中间填心的砌筑方法；中间不得有铲口石（尖石倾斜向外的石块）、斧刃石（尖石向下的石块）和过桥石（仅在两端搭砌的石块）。

1. 毛石基础

毛石基础第一皮石块应坐浆，并将石块的大面向下。同时，毛石基础的转角处、交接处应用较大的平毛石砌筑。

毛石基础的断面形式有阶梯形和梯形，若做成阶梯形，上级阶梯的石块应至少压住下级阶梯的1/2。相邻阶梯的毛石应相互错缝搭接。为阶梯形毛石基础。毛石基础必须设置拉结石。毛石基础同皮内每隔2m左右设置一块。拉结石长度：如基础宽度小于或等于400mm，应与基础宽度相等；如基础宽度大于400mm，可用两块拉结石内外搭接，搭接长度不应小于150mm，且其中一块拉结石长度不应小于基础宽度的 2 / 3。

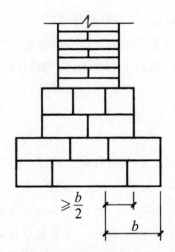

图 6-1　阶梯形毛石基础

2. 毛石墙

砌筑毛石墙体的第一皮及转角处、交接处和洞口，应采用较大的平毛石。每个楼层的最上一皮，宜选用较大的毛石砌筑。毛石墙必须设置拉结石。每日砌筑高度不宜超过 1.2m；转角处和交接处应同时砌筑。

(二) 料石砌体

料石砌体应采用铺浆法砌筑，水平灰缝和竖向灰缝的砂浆饱满度应大于 80%。料石砌体的砂浆铺设厚度应略高于规定的灰缝厚度，其高出厚度：细料石宜为 3 ~ 5mm；粗料石、毛料石宜为 6 ~ 8mm。砌体的灰缝厚度：细料石砌体不宜大于 5mm；粗料石、毛料石砌体不宜大于 20mm。

1. 料石基础

第一皮料石应坐浆丁砌，以上各层料石可按一顺一丁进行砌筑。阶梯形料石基础，上级阶梯料石至少压砌下级阶梯料石的 1 / 3。

2. 料石墙

料石墙体厚度等于一块料石宽度时，可采用全顺砌筑形式；料石墙体等于两块料石宽度时，可采用两顺一丁或丁顺组砌的形式。

在料石和毛石或砖的组合墙中，料石砌体、毛石砌体、砖砌体应同时砌筑，并每隔 2 ~ 3 皮料石层用"丁砌层"与毛石砌体或砖砌体拉结砌合。"丁砌层"的长度宜与组合墙厚度相同。

3. 料石平拱

平拱所用石料要加工成楔形，斜度按具体情况而定，拱两边石块在拱脚处坡度以 60° 为宜。平拱厚度与墙身相等，高度为墙身二皮料石块高。平拱的石块数应为单数。

砌平拱前应支设模板，拱脚处斜面应经过修整，使其与拱的石块相吻合。砌筑时，应从两边对称地向中间砌，正中一块要挤紧。所用砂浆强度等级应不低于 M10，灰缝宽度控制在 5mm 左右，砂浆预测强度达到 70% 以上，才能拆除模板。

4. 料石做过梁

当用料石做过梁，无设计要求时，其厚度应为 200～450mm，过梁宽度与墙厚相同。净跨度不宜大于 1.2m，两端各伸入墙内长度不应小于 250mm。过梁上续砌料石墙时，其正中一块料石长度应不小于过梁净跨度的 1 / 3，其两旁的料石长度应不小于过梁净跨度的 2 / 3。

（三）石挡土墙

石挡土墙可采用毛石或料石砌筑。毛石挡土墙应符合以下规定。

（1）每砌 3～4 皮为一个分层高度，每个分层高度应找平一次。

（2）外露面的灰缝厚度不得大于 40mm，两个分层高度间分层处的错缝不得小于80mm。

料石挡土墙宜采用丁顺组砌的砌筑形式。当中间部分用毛石填砌时，丁砌料石伸入毛石部分的长度不应小于 200mm。

当挡土墙的泄水孔无设计要求时，施工应符合以下规定。

①泄水孔应均匀设置，在高度上间隔 2m 左右设置一个泄水孔。

②泄水孔与土体间铺设长宽各为 300mm、厚 200mm 的卵石或碎石做疏水层。

挡土墙内侧回填土须分层夯填，分层松土厚度应为 300mm。墙顶土面应有适当坡度使水流向挡土墙外侧面。

三、砖砌筑工程

（一）砖基础的砌筑

砖基础砌筑在垫层之上，一般砌筑在混凝土砖基础的下部为大放脚、上部为基础墙，大放脚的宽度为半砖长的整数倍。混凝土垫层厚度一般为 100mm，宽度每边比大放脚最下层宽 100mm。

防潮层位置宜在室内地面标高以下一皮砖（-60mm）处。砖基础砌筑完成后应该有一定的养护时间，再进行回填土方。回填时，砖基础的两边应该同时对称回填，避免砖基础移位或倾覆。

(二) 砖墙砌筑

砖墙根据其厚度不同，可采用全顺（120mm）、两平一侧（180mm或300mm）、全丁、一顺一丁、梅花丁或三顺一丁的砌筑形式。

全顺：各皮砖均顺砌，上下皮垂直灰缝相互错开半砖长（120mm），适合砌半砖厚（115mm）墙。

两平一侧：两皮顺（或丁）砖与一皮侧砖相间，上下皮垂直灰缝相互错开1/4砖长（60mm）以上，适合砌3/4砖厚（180mm或300mm）墙。

全丁：各皮砖均采用丁砌，上下皮垂直灰缝相互错开1/4砖长，适合砌一砖厚（240mm）墙。

一顺一丁：一皮顺砖与一皮丁砖相间，上下皮垂直灰缝相互错开1/4砖长，适合砌一砖及一砖以上厚墙。

梅花丁：同皮中顺砖与丁砖相间，丁砖的上下均为顺砖，并位于顺砖中间，上下皮垂直灰缝相互错开1/4砖长，适合砌一砖厚墙。

三顺一丁：三皮顺砖与一皮丁砖相间，顺砖与顺砖上下皮垂直灰缝相互错开1/2砖长；顺砖与丁砖上下皮垂直灰缝相互错开1/4砖长。适合砌一砖及一砖以上厚墙。

一砖厚承重墙的每层墙的最上一皮砖、砖墙的阶台水平面上及挑出层，应采用整砖丁砌。

砖墙的转角处和交接处，根据错缝需要应该加砌配砖。

砖墙的水平灰缝厚度和垂直灰缝宽度宜为10mm，但不应小于8mm，也不应大于12mm。

砖墙的水平灰缝砂浆饱满度不得小于80%；垂直灰缝宜采用挤浆或加浆方法，不得出现透明缝、瞎缝和假缝。

在墙上留置临时施工洞口，其侧边离交接处墙面不应小于500mm，洞口净宽度不应超过1m。临时施工洞口应做好补砌。

(三) 砌筑工艺

砌体的施工过程一般为：抄平，弹线，摆砖（铺底、搭底），立皮数杆，砌大角（头角、墙角）、挂线，铺灰、砌砖，勾缝立门窗橙（或划缝）、清扫墙面等工序。

1.抄平

（1）首层墙体砌筑前的抄平。在基层表面墙4个大角位置及每隔10m抹一灰饼，灰饼表面标高与设计标高一致。再按这些标高用M7.5防水砂浆或掺有防水剂的

C10 细石混凝土找平，此层既是防潮层也是找平层。

（2）楼层墙体砌筑前的抄平。砌筑楼层墙体前应检测外墙四角表面标高与设计标高的误差，根据误差来调整后续墙体的灰缝厚度。当墙体砌筑到 1.5m 左右，及时用水准仪对内墙进行抄平，并在墙体侧面，距楼、地面设计标高 500mm 位置上弹一四周封闭的水平墨线。

2. 弹线

（1）底层放线。根据龙门板上给定的轴线及图纸上标注的墙体尺寸，在基础顶面上用墨线弹出墙的轴线和墙的宽度线，并定出门窗洞口位置线。

（2）楼层放线。用经纬仪或垂球将底层控制轴线引测到各层墙表面，用钢尺校核后在墙表面弹出轴线和墙边线。最后，按设计图纸弹出门窗洞口的位置线。

3. 摆砖（铺底、搭底）

摆砖是指在放线的基面上按选定的组砌方式用干砖试摆。摆砖的目的是核对所放的墨线在门窗洞口、附墙垛等处是否符合砖的模数，以尽可能减少砍砖。要求山墙摆成丁砖，横墙摆成顺砖，又称"山丁檐跑"。

4. 立皮数杆

皮数杆能控制砌体的竖向尺寸并保证砌体垂直度，皮数杆立于房屋的四大角、墙的转角、内外墙交接处、楼梯间及墙面变化较多的部位。每隔 10～15m 立一根，用水准仪校正标高；如墙很长，可每隔 10～20m 再立一根。

5. 砌大角（头角、墙角）、挂线

一般先砌墙角，以便挂线，再砌墙身。

（1）砌大角：高度 ≤ 5 皮，留踏步茬，依据皮数杆，勤吊勤靠。

（2）挂线（控制墙面平整垂直）：一般二四墙可采用单面挂线，三七墙及以上的墙应双面挂线。如墙体较长，中间应设支线点。

6. 铺灰（或划缝）砌砖

铺灰、砌砖的操作方法因地而异，常用的有以下三种。

（1）铺灰挤砖法。先在墙面上铺一段砂浆，然后砌砖，平推平挤使灰缝饱满，效率较高。

（2）铲灰挤砖法，又称"三一"砌砖法，即一铲灰、一块砖和一揉压的砌筑方法。其优点是灰缝易饱满，黏结力好，墙面整洁，适应于实心砖砌筑。

（3）坐浆砌砖法。

7. 立门窗橙

立门窗橙分为先立口和后塞口两种。

8. 勾缝、清扫墙面

勾缝是清水砖墙的最后一道工序，勾缝使清水墙面美观、牢固。勾缝形式有平缝、凹缝、凸缝、斜缝。可用原浆勾缝，也可用 1:1.5 的水泥砂（细砂）浆勾缝。勾缝的要求是横平竖直、深浅一致，搭接平整并压实抹光。

混水墙砌筑后只需用一块 8mm 厚扁铁将凸出墙面的砂浆刮出，令灰缝缩进墙面 10mm 左右，以便装修。

四、配筋砌体

配筋砌体是由配置钢筋的砌体作为建筑物主要受力构件的结构。配筋砌体有网状配筋砌体柱、水平配筋砌体墙、砖砌体与钢筋混凝土面层或钢筋砂浆面层组合砌体柱（墙）、砖砌体与钢筋混凝土构造柱组合墙和配筋砌块砌体剪力墙。

（一）网状配筋砖砌体

1. 网状配筋砖砌体构造

网状配筋砖砌体有配筋砖柱、砖墙，即在烧结普通砖砌体的水平灰缝中配置钢筋网。网状配筋砖砌体所用烧结普通砖强度等级不应低于 MU10，砂浆强度等级不应低于 M7.5。

钢筋网可采用方格网或连弯网。方格网的钢筋直径宜采用 3~4mm；连弯网的钢筋直径不应大于 8mm。钢筋网中钢筋的间距不应大于 120mm，并不应小于 30mm。

钢筋网在砖砌体中的竖向间距，不应大于五皮砖高，并不应大于 400mm。当采用连弯网时，网的钢筋方向应互相垂直，沿砖砌体高度交错设置，钢筋网的竖向间距取同一方向网的间距。

设置钢筋网的水平灰缝厚度，应保证钢筋上、下至少各有 2mm 厚的砂浆层。

2. 网状配筋砖砌体施工

钢筋网应按设计规定制作成型。砖砌体部分按常规方法砌筑，在配置钢筋网的水平灰缝中，应先铺一半厚的砂浆层，放入钢筋网后再铺一半厚砂浆层，使钢筋网居于砂浆层厚度中间。钢筋网四周应有砂浆保护层。

配置钢筋网的水平灰缝厚度：当用方格网时，水平灰缝厚度为 2 倍钢筋直径加 4mm；当用连弯网时，水平灰缝厚度为钢筋直径加 4mm，确保钢筋上、下各有 2mm 厚的砂浆保护层。

网状配筋砖砌体外表面宜用 1:1 水泥砂浆勾缝或进行抹灰。

（二）面层和砖组合砌体

1. 面层和砖组合砌体构造

面层和砖组合砌体有组合砖柱、组合砖垛、组合砖墙。

面层和砖组合砌体由烧结普通砖砌体、混凝土或砂浆面层及钢筋等组成。

烧结普通砖砌体所用砌筑砂浆强度等级不得低于 M7.5，砖的强度等级不宜低于 MU10。混凝土面层所用混凝土强度等级宜采用 C20。混凝土面层厚度应大于45mm。

砂浆面层所用水泥砂浆强度等级不得低于 M7.5，砂浆面层厚度为 30～45mm。

竖向受力钢筋宜采用 HPB235 级钢筋，对于混凝土面层，亦可采用 HRB335 级钢筋。受力钢筋的直径不应小于 8mm，钢筋的净间距不应小于 30mm。受拉钢筋的配筋率不应小于 0.1%。受压钢筋一侧的配筋率，对砂浆面层不宜小于 0.1%，对混凝土面层不宜小于 0.2%。

箍筋的直径不宜小于 4mm 及 0.2 倍的受压钢筋直径，并不宜大于 6mm。箍筋的间距不应大于 20 倍受压钢筋的直径及 500mm，并不应小于 120mm。

当组合砖砌体一侧受力钢筋多于 4 根时，应设置附加箍筋或拉结钢筋。

对于组合砖墙，应采用穿通墙体的拉结钢筋作为箍筋，同时设置水平分布钢筋。水平分布钢筋竖向间距及拉结钢筋的水平间距，均不应大于 500mm。

2. 面层和砖组合砌体施工

组合砖砌体应按以下顺序施工。

（1）砌筑砖砌体。同时按照箍筋或拉结钢筋的竖向间距，在水平灰缝中铺置箍筋或拉结钢筋。

（2）绑扎钢筋。将纵向受力钢筋与箍筋绑牢，在组合砖墙中，将纵向受力钢筋与拉结钢筋绑牢，将水平分布钢筋与纵向受力钢筋绑牢。

（3）在面层部分的外围分段支设模板，每段支模高度宜在 500mm 以内，浇水润湿模板及砖砌体面，分层浇灌混凝土或砂浆，并用振捣棒捣实。

（4）待面层混凝土或砂浆的强度达到其设计强度的 30% 以上，方可拆除模板。如有缺陷应及时修整。

（三）构造柱和砖组合砌体

1. 构造柱和砖组合砌体构造

构造柱和砖组合砌体仅有组合墙。构造柱和砖组合墙由钢筋混凝土构造柱、烧结普通砖墙和拉结钢筋等组成。

钢筋混凝土构造柱的截面尺寸不宜小于240mm×240mm，其厚度不应小于墙厚，边柱、角柱的截面宽度宜适当加大。构造柱内竖向受力钢筋，对于中柱不宜少于4 ϕ 12；对于边柱、角柱，不宜少于4 ϕ 14。构造柱的竖向受力钢筋的直径也不宜大于16mm。其箍筋一般部位宜采用 ϕ 6、间距200mm，楼层上下500mm范围内宜采用 ϕ 6、间距100mm。构造柱的竖向受力钢筋应在基础梁和楼层圈梁中锚固，并应符合受拉钢筋的锚固要求。构造柱的混凝土强度等级不宜低于C20。烧结普通砖墙所用砖的强度等级不应低于MU10，砌筑砂浆的强度等级不应低于M5。砖墙与构造柱的连接处应砌成马牙槎，每一个马牙槎的高度不宜超过300mm，并应沿墙高每隔500mm设置2 ϕ 6拉结钢筋，拉结钢筋每边伸入墙内不宜小于600mm。

构造柱和砖组合墙的房屋，应在纵横墙交接处、墙端部和较大洞口的洞边设置构造柱，其间距不宜大于4m。各层洞口宜设置在对应位置，并宜上下对齐。

构造柱和砖组合墙的房屋应在基础顶面、有组合墙的楼层处设置现浇钢筋混凝土圈梁。圈梁的截面高度不宜小于240mm。

2. 构造柱和砖组合砌体施工

构造柱和砖组合墙的施工程序应为先砌墙后浇混凝土构造柱。构造柱施工程序为绑扎钢筋、砌砖墙、支模板、浇混凝土、拆模。

构造柱的模板可用木模板或组合钢模板。在每层砖墙及其马牙槎砌好后，应立即支设模板，模板必须与所在墙的两侧严密贴紧，支撑牢靠，防止模板缝漏浆。

构造柱浇灌混凝土前，必须将马牙槎部位和模板浇水湿润，将模板内的落地灰、砖渣等杂物清理干净，并在结合面处注入适量与构造柱混凝土相同的去石水泥砂浆。

构造柱的混凝土坍落度宜为50～70mm，石子粒径不宜大于20mm。混凝土随拌随用，拌和好的混凝土应在1.5h内浇灌完。

构造柱的混凝土浇灌可以分段进行，每段高度不宜大于2m。在施工条件较好并能确保混凝土浇灌密实时，亦可每层浇灌一次。

捣实构造柱混凝土时，宜用插入式混凝土振动器，应分层振捣，振捣棒随振随拔，每次振捣层的厚度不应超过振捣棒长度的1.25倍，振捣棒应避免直接碰触砖墙，严禁通过砖墙传振。

构造柱从基础到顶层必须垂直，对准轴线。在逐层安装模板前，必须根据构造柱轴线随时校正竖向钢筋的位置和垂直度。

第四节　填充墙砌体

一、填充墙砌体施工的一般问题

填充墙是应用于框架、框—剪结构或钢结构中，主要用于围护或分隔区间的墙体，其砌筑材料大多采用烧结多孔砖、混凝土小型空心砌块和加气混凝土砌块等，要求有一定的强度、轻质、隔声、隔热等效果。加气混凝土砌块近年来得到了广泛的应用，但目前的使用情况并不理想，其原因主要有：设计单位未能掌握加气混凝土砌块的有关设计要点，构造补强措施未能在图纸上标明；建设单位对构造补强措施认识不足，为降低工程造价，取消挂网等构造补强措施；监理和施工单位现场管理人员未掌握加气混凝土砌块的施工要点，砌筑工人不熟悉工艺，仍按黏土实心砖的施工工艺进行砌筑；砌块生产企业为加速周转，将产品龄期未到 28d 的加气混凝土砌块运至施工现场并用于工程。

(一)填充墙与结构的连接问题

(1)填充墙两端与结构连接。砌体与混凝土柱或剪力墙的连接一般有三种方式：第一种是预留拉结筋法；第二种是预埋铁件法；第三种是植筋法。无论采用何种方法，都应注意使预留位置和砌块灰缝对齐。

(2)墙顶与结构件底部连接。为保证墙体的整体性、稳定性，填充墙顶部应采取相应的措施与结构挤紧。通常采用砌筑"滚砖"(实心砖)或在梁底做预埋铁件等方式与填充墙连接。不论采用哪种连接方式，都应分两次完成一片墙体的施工，其中时间间隔不少于 7d。这是为了让砌体砂浆有一个完成压缩变形的时间，保证墙顶与构件连接的效果。

(3)施工注意事项。填充墙施工最好从顶层向下层砌筑，防止因结构变形量向下传递而造成早期下层先砌筑的墙体产生裂缝。特别是空心砌块，此裂缝的发生往往是在工程主体完成 3～5 个月后，通过墙面抹灰在跨中产生竖向裂缝得以暴露。因而，质量问题的滞后性给后期处理带来困难。

当工期太紧，填充墙施工必须由底层逐步向顶层进行时，则墙顶的连接处理需待全部砌体完成后，从上层向下层施工，这是为了给每一层结构完成变形的时间和空间。

(二)门窗的连接问题

由于空心砌块与门窗框直接连接不易达到要求，特别是门窗较大时，施工中通常采用在洞口两侧做混凝土构造柱、预埋混凝土预制块及镶砖的方法。空心砌块在窗台顶面应做成混凝土压顶，以保证门窗框与砌体的可靠连接。

（三）防潮防水问题

当空心砌块用于外墙面时，会涉及防水问题。在墙的迎风迎雨面，在风雨作用下易产生渗漏现象，主要发生在灰缝处。因此，在砌筑中应注意灰缝饱满密实，竖缝应灌砂浆插捣密实。外墙面的装饰层应采取适当的防水措施，如在抹灰层中加3%~5%的防水粉、面砖勾缝或表面刷防水剂等，确保外墙的防水效果。目前，市场上有多种防水砂浆材料，其工艺特点是靠砂浆材料自身在养护条件下产生较好的防水效果来满足外墙的防水要求，特别是高孔隙率的墙体材料。

空心砌块用于室内隔墙时，砌体下应用实心混凝土块或实心砖砌200mm高的底座，也可采用混凝土现浇。

（四）墙体转角构造问题

墙体转角、交接处（L形、T形和"十"字形）属于填充墙的薄弱环节，应使纵、横墙的砌块相互搭砌，隔皮砌块露端面。加气混凝土砌块墙的T形交接处，应使横墙砌块隔皮露端面，并坐中于纵墙砌块（见图6-2）；还应沿墙高每600mm在水平灰缝中放置拉结钢筋，拉结钢筋为2ϕ6，钢筋伸入墙内长度l如下：非抗震为700mm，六七度抗震设防为墙长的1/5且不小于700mm，八九度抗震设防沿墙全长贯通（见图6-3）。

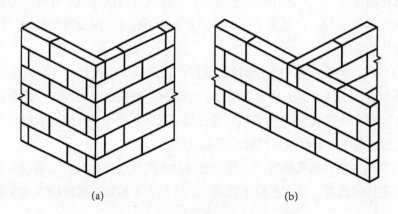

(a)   (b)

图6-2 加气混凝土砌块墙的转角处、交接处砌法
（a）转角处；（b）交接处

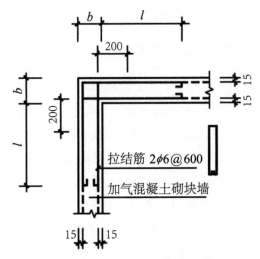

图 6-3 墙体转角处、交接处预留拉结钢筋

(五) 单片面积较大的填充墙施工问题

大空间的框架结构填充墙，应在墙体中根据墙体长度、高度需要设置构造柱和水平现浇混凝土带，以提高砌体的稳定性。当大面积的墙体有洞口时，在洞口处应设置混凝土现浇带并沿洞口两侧设置混凝土边框。施工中应注意正确预埋构造柱钢筋的位置。具体情况如下：

(1) 墙长≤两倍墙高，且墙高≤4m 时，沿框架柱每隔 600mm 间距预留拉结筋。

(2) 墙长>两倍墙高，但墙高≤4m 时，可在墙中加设构造柱。

(3) 墙高>4m，但墙长≤两倍墙高时，沿墙高之间设置现浇带。

(4) 墙高大于 4m 且墙长>两倍墙高时，既设构造柱也设置现浇带。

混凝土现浇带宽同墙厚，高为 120mm，配 4 桄钢筋，箍筋为 $\phi 6@200mm$，锚入框架柱 280mm；构造柱截面长度为 200mm，配 $4\phi 10$ 钢筋，箍筋为 $\phi 6@200mm$，锚入下部梁中 380mm。

由于块料不同，填充墙的做法各异，因此要求也不尽相同。实际施工时，应参照相应设计要求及施工质量验收规范和各地颁布实施的标准图集、施工工艺标准等。

二、加气混凝土砌块填充墙施工

(一) 工艺流程

弹出墙身及门窗洞口位置墨线→预留拉结筋→楼面找平→选砌块、摆砌块→摞底→砌一步架墙→砌二步架墙 (砌筑过程中留槎、下拉结网片、安装混凝土过梁) →

勾缝或斜砖砌筑与框架顶紧→检查验收。

(二) 加气混凝土砌块填充墙施工要点

(1) 严格控制好加气混凝土砌块上墙砌筑时的含水率, 一般控制在 10% ~ 15%, 即砌块含水深度以表层下 8 ~ 10mm 为宜, 可通过刀刮或敲小边观察规律, 按经验判定。通常情况下在砌筑前 24h 浇水, 浇水量应根据施工时的季节和干湿温度情况决定, 由表面湿润度控制。禁止直接使用饱含雨水或浇水过量的砌块。

(2) 砌筑前应弹好墙身墨线、地墨线、转角留位留洞指示墨线等, 注意墙身墨线一定要到楼板或梁底, 地面墨线要正角对准。将砌筑墙部位的楼地面, 应剔除高出底面的凝结灰浆, 清扫干净。砌筑前, 应将预砌墙与原结构相接处洒水湿润以保砌体黏结, 但注意地面不能有积水。

(3) 为减少施工现场切割砌块工作, 砌筑墙体前必须进行排块设计。由于不同干密度和强度等级的加气混凝土砌块的性能指标不同, 所以不同干密度和强度等级的加气混凝土砌块不应混砌, 加气混凝土砌块也不应与其他砖、砌块混砌。砌筑时应上下错缝, 搭接长度不宜小于砌块长度的 1 / 3, 且不应小于 150mm, 水平灰缝厚度及竖向灰缝宽度宜分别为 15mm 和 20mm。最下一层砌块的灰缝大于 20mm 时, 应用细石混凝土找平铺砌。砌好的砌体不能撬动、碰撞、松动, 否则, 应重新砌筑。

(4) 砌筑时, 灰缝要做到横平竖直, 上、下层 "十" 字错缝, 转角处应相互咬槎, 砂浆要饱满, 水平灰缝不大于 15mm, 垂直灰缝不大于 20mm, 砂浆饱满度要求在 80% 以上。垂直缝宜用内、外临时夹板灌缝, 砌筑后应立即用原砂浆内、外勾灰缝, 以保证砂浆的饱满度。墙体的施工缝处必须砌成斜槎, 斜槎长度应不小于高度的 2 / 3。

(5) 在墙面上凿槽敷管时, 应使用专用工具, 不得用斧或瓦刀任意砍凿。管道表面应低于墙面 4 ~ 5mm, 并将管道与墙体卡牢, 不得有松动、反弹现象, 然后浇水湿润, 填嵌强度等同砌筑所用的砂浆, 与墙面补平, 并沿管道敷设方向铺 10mm × 10mm 钢丝网, 其宽度应跨过槽口, 每边不小于 50mm, 绷紧、钉牢。

(6) 墙体砌筑后, 做好防雨遮盖, 避免雨水直接冲淋墙面。外墙向阳面的墙体, 也要做好遮阳处理, 避免高温引起砂浆中水分挥发过快, 必要时应适当用喷雾器喷水养护。每日砌筑高度控制在 1.4m 以内, 春季施工时每日砌筑高度控制在 1.2m 以内, 下雨天停止砌筑。因砌体自重较轻, 容易造成与砂浆的黏结不充分而产生裂缝, 故在停砌时, 最高一皮砌块用一皮浮砖压顶。

（三）加气混凝土填充墙的质量通病及预防

1. 质量通病

加气混凝土填充墙砌筑及后续抹灰常见的质量通病为墙体裂缝。加气混凝土砌块填充墙体裂缝的产生原因是多样、复杂的，水泥制品的干缩变形特性及受潮后二次收缩变形的特性是墙体裂缝产生的主要因素，温度变形和施工操作不当也会加剧墙体裂缝的形成和发展。因此，要彻底解决裂缝问题，必须在材料、设计、施工等各个环节严格遵守规范、规程、技术标准的有关规定，精心施工，严格监督。

2. 预防措施

产品龄期未到 28d 不能上墙砌筑，严禁不同级别的加气混凝土砌块混砌，严格按有关构造规定和质量验收要求进行砌筑。为确保加气混凝土墙面抹灰与基层黏结牢固，抹灰前应满刷界面剂，涂刷界面剂前，应在加气混凝土砌块填充墙管道沟槽处和填充墙与钢筋混凝土柱、墙、梁等接缝处贴紧墙面满钉加强网，且不同材质抹灰基体灰沟槽两侧搭接宽度不小于 150mm；外墙抹灰前采用聚合物水泥砂浆进行第一道抹灰，抹灰厚度为 6mm，内墙抹灰采用聚合物混合砂浆，底槽与饰面层不得一次成型。

参考文献

[1] 姚亚锋，张蓓.建筑工程项目管理 [M].北京：北京理工大学出版社，2020.12.

[2] 赵媛静.建筑工程造价管理 [M].重庆：重庆大学出版社，2020.08.

[3] 袁志广，袁国清.建筑工程项目管理 [M].成都：电子科学技术大学出版社，2020.08.

[4] 杜峰，杨凤丽，陈升.建筑工程经济与消防管理 [M].天津：天津科学技术出版社，2020.05.

[5] 蒲娟，徐畅，刘雪敏.建筑工程施工与项目管理分析探索 [M].长春：吉林科学技术出版社，2020.06.

[6] 王俊遐.建筑工程招标投标与合同管理案头书 [M].北京：机械工业出版社，2020.01.

[7] 钟汉华，董伟.建筑工程施工工艺 [M].重庆：重庆大学出版社，2020.07.

[8] 庞业涛.装配式建筑项目管理 [M].成都：西南交通大学出版社，2020.08.

[9] 索玉萍，李扬，王鹏.建筑工程管理与造价审计 [M].长春：吉林科学技术出版社，2019.05.

[10] 肖凯成，郭晓东，杨波.建筑工程项目管理 [M].北京：北京理工大学出版社，2019.08.

[11] 王辉，刘启顺.建筑工程资料管理 [M].北京：机械工业出版社，2019.09.

[12] 卢驰，白群星，罗昌杰，徐德.建筑工程招标与合同管理 [M].北京：中国建材工业出版社，2019.01.

[13] 路明.建筑工程施工技术及应用研究 [M].天津：天津科学技术出版社，2020.07.

[14] 钟汉华，董伟.建筑工程施工工艺 [M].重庆：重庆大学出版社，2020.07.

[15] 郝增韬，熊小东.建筑施工技术 [M].武汉：武汉理工大学出版社，2020.07.

[16] 陶杰，彭浩明，高新.土木工程施工技术 [M].北京：北京理工大学出版社，2020.08.

[17] 张蓓，高琨，郭玉霞.建筑施工技术 [M].北京：北京理工大学出版社，2020.07.

[18] 陈思杰，易书林.建筑施工技术与建筑设计研究 [M].青岛：中国海洋大学出版社，2020.05.

[19] 李联友.建筑设备施工技术 [M].武汉：华中科技大学出版社，2020.05.

[20] 刘将.土木工程施工技术 [M].西安：西安交通大学出版社，2020.01.

[21] 姚亚锋，张蓓.建筑工程项目管理 [M].北京：北京理工大学出版社，2020.12.

[22] 周太平.建筑工程施工技术 [M].重庆：重庆大学出版社，2019.09.

[23] 刘景春，刘野，李江.建筑工程与施工技术 [M].长春：吉林科学技术出版社，2019.06.

[24] 杨丽平，宋永涛，刘萍.建筑工程结构与施工技术应用 [M].哈尔滨：哈尔滨工程大学出版社，2019.07.

[25] 黄良辉.建筑工程智能化施工技术研究 [M].北京：北京工业大学出版社，2019.10.

[26] 惠彦涛.建筑施工技术 [M].上海：上海交通大学出版社，2019.02.

[27] 郭凤双，施凯，向铮，王丽娟.建筑施工技术 [M].成都：西南交通大学出版社，2019.03.

[28] 王喜.建筑工程施工技术 [M].北京：阳光出版社，2018.11.

[29] 要永在.装饰工程施工技术 [M].北京：北京理工大学出版社，2018.08.

[30] 陈文建，汪静然.建筑施工技术（第2版）[M].北京：北京理工大学出版社，2018.06.